腦洞大開

用紙箱做機關玩具

創趣閣 編著

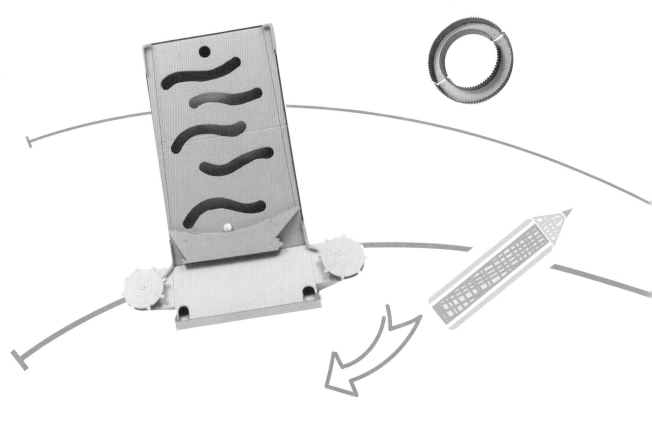

內容提要

　　機關玩具，自古有之，不僅出現在日常生活中，更出現在工程建設、軍事製造等各種試驗、演練場景中。現在，紙皮這種超便宜的材料為喜歡自己動手製作、設計玩具的大、小朋友們提供了無限可能。抖音手工達人、創趣閣閣主張帥首次出書帶你走進紙箱機關玩具的世界！

　　本書共4章。第1章，介紹了製作紙箱機關玩具需要準備的材料和相關工具，也講解了玩具製作中會用到的機關設置原理。第2章，介紹了入門紙箱機關玩具的製作，有88軌道、運輸障礙箱、貪吃錢罌等簡單的玩具，讀者可通過這些玩具的製作初步掌握製作紙箱機關玩具的相關技能。第3章，介紹了「護送彈珠」、「投籃比賽」等互動性較強的親子玩具的製作，玩具更有趣，也增加了一點難度。第4章，介紹了如何用紙皮製作生活中經常使用的一些物品，如飲水機、保險箱、微波爐、洗衣機等，孩子們可在玩耍的同時變身居家小能手。

　　本書步驟講解細緻，還能引導讀者開發自己的創意，非常適合熱愛手工的朋友們閱讀。同時本書也是親子互動、幼兒興趣培養的絕佳輔助讀物，也適合玩具設計、製作人員閱讀、參考。

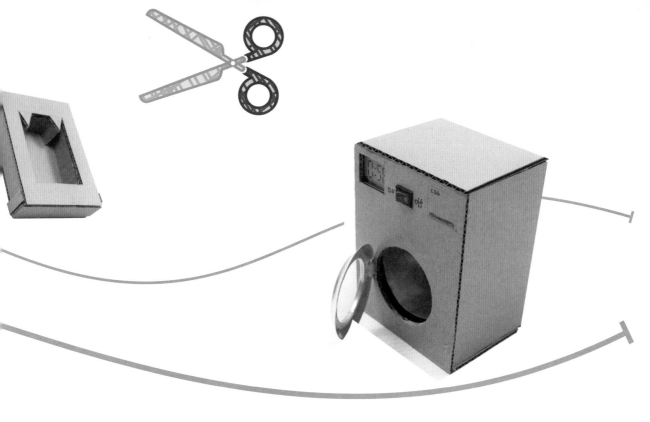

前言

　　大家好，我是創哥，創趣閣的閣主。很開心在這裏和你們聊一聊我的手工玩具。

　　在我小的時候，爸爸用核桃和筷子給我做過一個「拉拉轉」玩具，那是我的第一個手工玩具，至今我仍然清晰地記在腦海裏。一個簡單的手工玩具，飽含着父愛，也承載着我有趣的童年。

　　當我有了孩子之後，我也琢磨着，是不是我也可以親手給孩子做點甚麼。一次偶然的機會，我見到了一個紙皮玩具，然後就開始動手嘗試。我在做出一個玩具之後，發現孩子特別開心，也因此一直做了下去。紙皮玩具的製作，材料很普通，是每個家庭中尋常的廢棄物，但用來設計製作機關玩具，不僅讓我收穫到了輕鬆實現「展示製作特長」的樂趣，也讓我的孩子、家人，甚至網上眾多的朋友在樂此不疲中收穫了創造，在不斷試驗、不斷改進中展現成果的喜悅。

　　現在，我覺得自己非常有成就感，因為在孩子眼中，她的爸爸甚麼都會做！

創哥

目錄

第 1 章　紙箱創趣的前期準備

第 2 章　入門紙箱機關玩具

第 3 章　親子遊戲時間

第 4 章　紙箱的創趣生活

第 1 章 :)

紙箱創趣
的前期準備

本章主要講解製作紙箱機關玩具需要準備的基礎材料和零件，以及需要掌握的基礎知識。具體包括製作紙箱機關玩具所需的材料、工具、機關設置的原理、紙皮零件的測量以及裁切知識等。建議讀者仔細閱讀本章後再開始紙箱機關玩具的製作。

1.1 材料

本節主要介紹製作紙箱機關玩具需要用到的材料和零件。

紙皮的選擇

本書中，製作紙箱機關玩具所用的紙皮厚度為 0.3 cm。

建議大家選擇厚度為 0.3 至 0.4 cm 的紙皮，以免紙皮厚度的差距過大導致製作尺寸的不匹配；同時儘量選用材質較硬、質量好的紙皮。

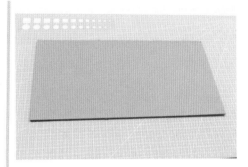

其他材料與零件

製作紙箱機關玩具，除了必備的紙皮材料外，還要準備一些製作機關需要用到的材料和零件，如木棒、竹籤、雪條棒、飲管、橡筋、電動機（也就是我們常說的「馬達」）和電池等。這些材料和零件都很容易獲得。

木棒

本書使用較多的材料之一。

竹籤

常用的材料。

雪條棒

本書中使用了兩種尺寸的雪條棒，在製作彈射類紙箱機關玩具和保險箱時使用。

(上：15 cm × 1.7 cm;
下：14 cm × 0.9 cm)

飲管

本書使用了能彎曲和不能彎曲的兩種飲管，飲管顏色的選用看個人喜好。飲管主要用於製作飲水機，其他玩具的製作如需要，也可使用飲管。

毛線與繩索

製作「運輸障礙箱」、「返回地球」、「護送彈珠」和微波爐等時使用,用作傳動帶。

彈珠

本書中使用了兩種尺寸的彈珠。

(大:直徑 2.5 cm;
小:直徑 1.6 cm)

2.7cm 的乒乓球

乒乓球道具在本書中只在「投籃比賽」紙箱機關玩具中有使用。

橡筋

製作彈射類紙箱機關玩具和飲水機時使用,利用橡筋的彈力製作玩具的彈射裝置。

塑膠水瓶

製作飲水機時使用。另外,瓶蓋也在製作彈射類紙皮機關紙皮玩具和洗衣機時有使用。

鋁罐

用於製作洗衣機的機筒與機門。

紙杯

製作彈射類紙箱機關玩具和飲水機時使用。

鐵絲

用於洗衣機機門與洗衣機面板的連接。

AA 電池及雙節電池盒

為微波爐和洗衣機等提供動力。

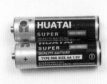

1.5cm×1cm 船形開關

微波爐和洗衣機等的啓動裝置。

熱縮管

連接導線時使用。

LED 燈

製作微波爐時使用。

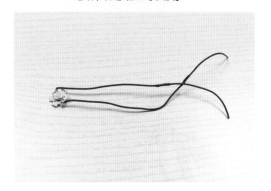

電動機（馬達）與導線

為微波爐和洗衣機等提供動力。

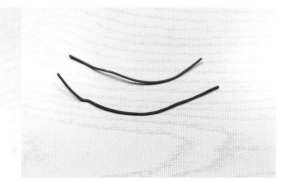

PVC 膠片

用於製作微波爐與洗衣機的可視窗口。

軸承

製作洗衣機時使用。

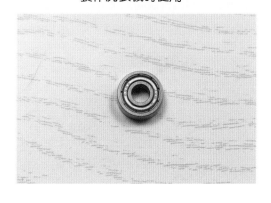

1.2 基礎工具

裁剪工具

剪刀

用於裁剪體型較小、材質偏軟的材料或零件。

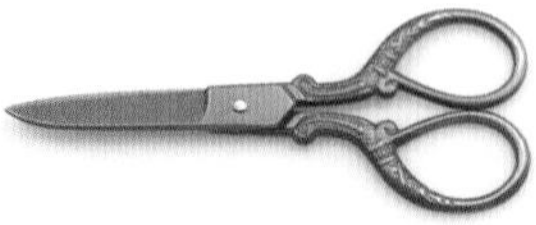

如意剪

主要用於裁剪木棒。

刜刀

切割紙皮、木棒、飲管等材料時使用。

黏貼工具

熱熔膠槍與膠棒

熱熔膠槍要與膠棒配合使用，膠棒在熱熔膠槍的高溫下熔解，形成黏性液體，主要用於紙皮與不同材料之間的黏貼固定。

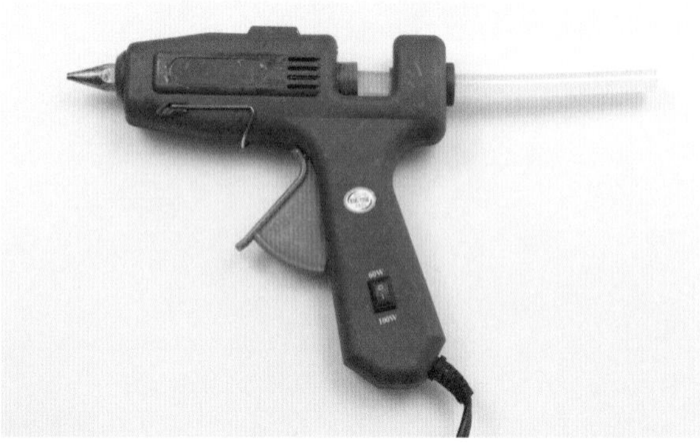

強力膠水

用於黏貼紙皮，具有黏性強、快乾的特點。

雙面膠紙

用於紙皮與其他材料的黏貼固定。

透明膠紙

製作「貪吃錢罌」時用來黏貼投幣箱的底板。

測量工具

大三角尺與小三角尺

兩者都用於在紙皮上畫直線，其中小三角尺也作為用圓規畫圓時的尺寸測量工具。

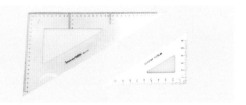

間尺

在紙皮上畫長直線時使用。

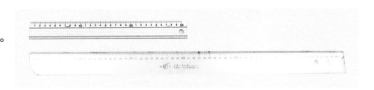

圓規

畫各種大小不等的圓時使用。

量角器

用於測量角度。

鑽孔工具

錐子

在紙皮上鑽孔時使用，也可以在黏貼紙皮時用於固定紙皮。本書在後面具體案例中根據實際情況用到兩種錐子，分別稱之為錐子、細錐。

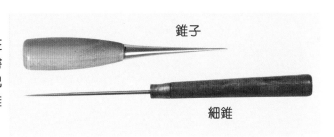

錐子

細錐

記號工具

記號筆

在紙皮上做標記或繪製圖案時使用。

鉛芯筆

在紙皮上做標記時使用。

擦膠

用於擦除紙皮上的標記，以免影響玩具的美觀。

其他工具

鑷子

黏貼小型且不便用手操作的零件時使用。

鉗子

製作洗衣機的機門時使用。

電線膠紙

製作洗衣機和微波爐時使用，用於包裹導線與電動機的接口，以防漏電。

打火機

用於去除導線表面的絕緣皮，可與剅刀替換使用。

切割板

手工製作必備的工具之一。

上色工具

畫筆與塑膠彩

製作投幣對決機關玩具時使用，用來給玩具的對戰鈕上色。

1.3 常用的機關原理

前面我們瞭解了製作紙箱機關玩具需要準備的相關材料和工具,現在為大家講解本書中製作紙箱機關玩具涉及的機關。機關可分為機械類、結構類以及電能類,下面為大家一一進行講解。

機械類機關

機械類機關主要是用到了一些特定的機械裝置,本書中用到活動軸與滑輪的玩具都是機械類機關玩具。

活動軸機關

主要用於製作「88軌道」紙皮玩具,通過四個活動軸帶動玩具軌道轉動。

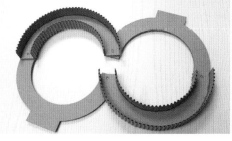

氣壓機關

主要用於製作「飲水機」紙箱機關玩具,利用氣壓來控制是否出水。

滑輪機關

主要用於製作「運輸障礙箱」和「返回地球」等紙箱機關玩具,通過運輸帶去帶動滑輪轉動。

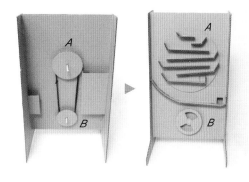

彈力機關

主要用於製作「隧道對戰」、「投籃比賽」和「投幣對決」等紙箱機關玩具,利用各種帶有彈性的繩索材料,將彈射對象投擲入相應範圍或容器內。

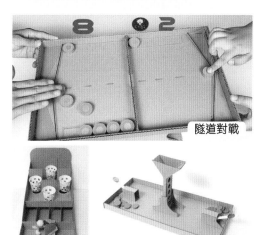

隧道對戰

投籃比賽 投幣對決

結構類機關

結構類機關主要用於一些特殊的物體結構，像本書中製作玩具使用的重力機關、平衡力機關、彈力機關、氣壓機關以及密碼鎖機關，都屬結構類機關。

重力機關

主要用於製作「貪吃錢罌」紙箱機關玩具，在重力作用下，投幣箱的底板向下垂落，從而使箱內的物品掉入錢罌中。

平衡力機關

主要用於製作「護送彈珠」紙箱機關玩具，在遊戲三方保持相互的平衡力作用下，躲避障礙孔洞將彈珠護送至目標點即可。

密碼鎖機關

主要用於製作「密碼箱」紙皮玩具，通過確定的開鎖密碼，設置對應的密碼卡槽，來控制密碼箱的打開與關閉。

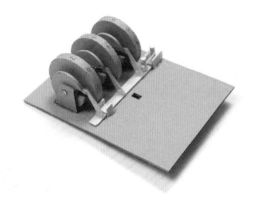

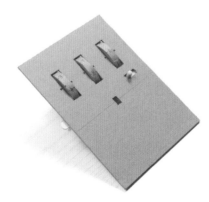

電能類機關

電能類機關主要是使用電能作為帶動紙皮機關工作的動力系統，有時也會結合一些機械機關裝置。比如本書中製作的洗衣機、微波爐等紙箱機關玩具就需要使用電能才能轉動。

電能機關

主要用於製作微波爐和洗衣機紙箱機關玩具的製作，在電動機的帶動下，玩具內部的圓盤開始轉動，同時也使轉盤上的物體開始工作。

洗衣機

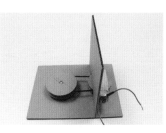

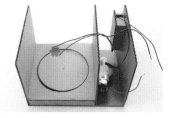

微波爐

1.4 紙皮部件製作基礎手法及裁切知識

紙皮部件製作的基礎手法

在紙皮上畫線

在紙皮上畫橫線。先將間尺橫向固定在需要畫線的位置，再用筆從左至右靠着間尺畫出橫向線條。

在紙皮上畫豎線。先將間尺豎向固定在需要畫線的位置，再用筆從上至下靠着間尺畫出豎向線條。

在紙皮上畫垂直線。先用間尺畫出橫線，再在間尺上以垂直角度放一塊小三角尺，用筆畫出豎線，即可得到垂直線。

在紙皮上畫圓

將圓規放置在間尺邊線上，確定圓的半徑，接着在紙皮上任意選擇定點，360°轉動圓規，進而畫出圓形。

紙皮部件的裁切

矩形的裁切

用間尺在同一水平線上選取兩個點，再用間尺連接兩點，形成一條直線。

用剝刀沿着間尺邊線，由上而下用力劃過紙皮，即可得到一塊矩形紙皮。

圓片的裁切

用剝刀沿着畫好的圓形邊線慢慢裁切，直到切出圓片。裁切的時候需注意：
（1）刀尖要傾向垂直，以斜切的方式裁切；（2）一邊裁切紙皮，一邊用手轉動紙皮，拿刀的手儘量不要移動。

  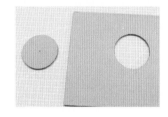

用手把裁切過的圓片取出即可。

小提示

（1）裁切直線時，建議用直尺比着裁切。
（2）裁切圓形或者異形紙皮時，用刀不宜過快，也不要一次扎透，採用第1遍淺刻、第2遍刻透的方法進行裁切。

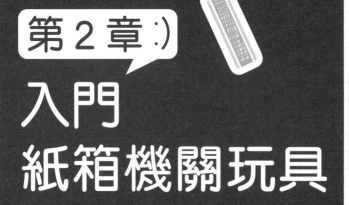

第 2 章 :)
入門
紙箱機關玩具

本章製作入門級紙箱機關玩具，涉及的機關較為簡單，有常見的滑輪，也有利用重力原理製作的玩具。這些簡單的玩具製作可以讓製作紙箱機關玩具的新手們掌握基礎的製作技能。

2.1 軌道機關——88軌道

滾動起來!!

拉動它

拉動它

咕嚕咕嚕~

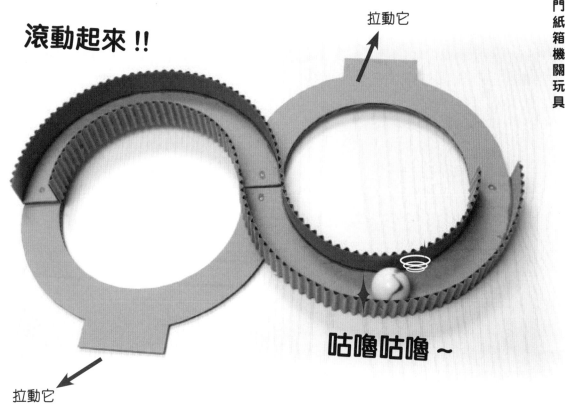

1 開始出發!

2 糟糕!軌道開始活動,要穩住……

3 軌道已連接,抓緊時間通過……

4 咕嚕咕嚕……

5 滾滾滾……

6 到達終點,勝利!!!

88 軌道紙箱機關玩具原理解釋

88 軌道紙箱機關玩具利用 4 個活動軸改變軌道路徑，操作者通過推、拉兩個操作手柄，可隨意改變 4 個接口的拼接位置，從而改變彈珠在軌道上的運動路徑。

紙皮部件構造圖

※ 左側圖片為部件實物圖。

※ 右側圖片是紙皮的平面圖，請按照圖中標注的尺寸製作。

※ 其他材料請參考後面製作各部分的「準備」板塊。

88 軌道

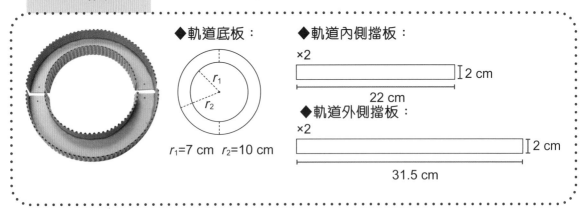

◆軌道底板：

$r_1=7$ cm　$r_2=10$ cm

◆軌道內側擋板：

×2

2 cm

22 cm

◆軌道外側擋板：

×2

2 cm

31.5 cm

操作手柄

◆操作手柄：

$r_1=7$　$r_2=10$

6 cm

2 cm

3 cm

安裝 88 軌道

◆固定活動軸的面板：

○ $r_1=1$ cm×4

工具

1. 如意剪
2. 強力膠水
3. 鉛芯筆
4. 細錐
5. 刴刀
6. 間尺
7. 切割板

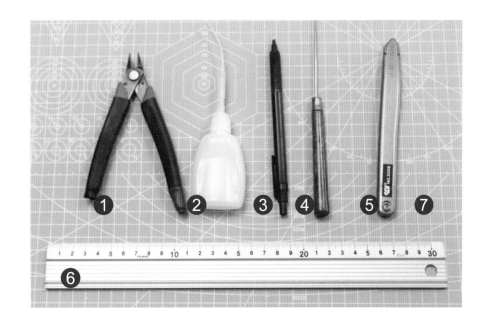

製作

製作 88 軌道

準備

（1）軌道底板

在一張紙皮上找一個圓點畫兩個同心圓，內側圓的半徑為 7 cm，外側圓的半徑為 10 cm；將兩個同心圓分別裁切出來，再以外側圓的直徑為參考線，把圓環一分為二，作為軌道底板。

（2）軌道內側擋板

用周長的計算公式 $C=2\pi r$，換算同心圓的周長，除以 2 得到半圓周長。

外側擋板長：
$(2\times3.14\times10) \div 2 = 31.4 \approx 31.5$ cm

內側擋板長：
$(2\times3.14\times7) \div 2 = 21.98 \approx 22$ cm

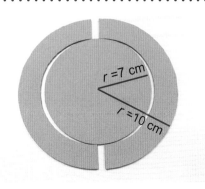

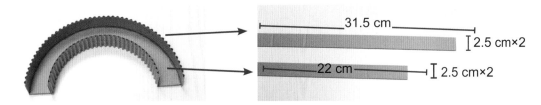

開始！

從邊緣開始將紙皮上面一層紙片撕開。

1 取出準備好的用於製作軌道擋板的4塊紙皮,將紙皮上層的一層紙皮撕開,留下帶有鋸齒的紙皮備用。

2 將裁切好的同心圓取出,留兩個對稱圓弧紙皮做軌道。

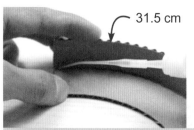

31.5 cm

一定要對齊

3 把剪切好的軌道底板平放在桌面上,取長31.5cm、寬2.5cm的紙皮,對齊軌道底板的外側邊緣,並圍繞在紙皮外側用強力膠水黏貼。(注:黏貼時,軌道底板和擋板的兩端一定要對齊。)

22 cm

4 取長22 cm、寬2.5 cm的紙皮,對齊軌道底板的內側邊緣,用強力膠水黏貼。

小於 1.5 cm

5 用細錐在紙皮兩端鑽孔。(注:鑽孔的位置要在軌道底板寬邊的中部,且與邊緣的距離要小於1.5 cm。)

溫故而知新！

（1）裁切圓弧軌道時要依據大圓的直徑來平分，這樣軌道才能在切換路徑時與其他軌道貼合。

（2）黏貼圓弧軌道和長條紙皮時兩端要對齊，長條紙皮是圍繞在圓弧軌道側面而不是疊在圓弧軌道上面。

（3）鑽孔的位置要在圓弧軌道寬邊的中部。

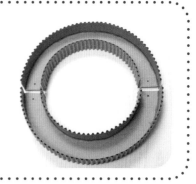

製作操作手柄

準備 1 塊足夠大的紙皮，在同一水平線上畫出一條 3 cm 的直線，以直線兩端為圓點，分別畫半徑為 7 cm 和 10 cm 的半圓（左右兩側的半圓圓心間的距離為 3 cm），連接 4 條半圓線，形成狀似橢圓的圓形。

以水平線為對稱參考線，在外圓兩側對稱地畫出長 6 cm、寬 2 cm 的長方形。

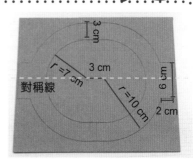

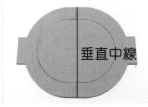

6 取畫有製作操作手柄輔助線的紙皮。用剥刀將紙皮上的外圓與內圓切開，再沿著外圓的垂直中線裁切，將其分割成兩半，即可獲得兩個操作手柄。

7 用細錐在操作手柄兩端鑽孔，鑽孔的位置距離長邊1.5 cm，距離寬邊1 cm。

⚙️ **安裝 88 軌道**

準備

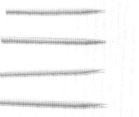

（1）活動軸
準備4根裁切成5 cm長的竹籤。

（2）固定活動軸的面板
準備4塊r=1 cm的圓形紙皮。

r =1 cm

（3）遊戲道具
準備1顆直徑為2.5 cm的彈珠。

START 開始！

8 取出做好的88軌道零件和竹籤。

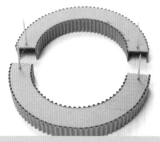

9 將竹籤穿入軌道底板兩端的孔內，讓竹籤平整的一面與底板保持平整，再用強力膠水將竹籤和底板固定。用同樣的方法將軌道的其他孔都穿入1根竹籤。

製作小貼士！

竹籤平整的一面要與底板平面保持平整，否則彈珠無法在軌道上順暢地滑行。

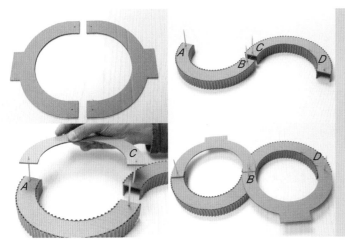

10 取出做好的兩個操作手柄，並把軌道擺放成S形。將第1個操作手柄兩個端口的孔對準軌道的A、C兩根竹籤插入，然後將第2個操作手柄兩個端口的孔對準B、D兩根竹籤插入。

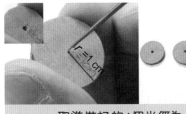

11 取準備好的4個半徑為1 cm的圓形紙皮，用細錐在圓心鑽孔。

12 將鑽好孔的4個圓形紙皮分別對準竹籤插入，用強力膠水將竹籤與圓形紙皮固定住。

13 用如意剪緊貼紙皮平面剪斷竹籤，即完成88軌道的製作與安裝。

溫故而知新！

(1) 裁切操作手柄時，要嚴格按照水平線的中點繪製對稱線，並沿着對稱線進行裁切。

(2) 操作手柄兩端孔的位置要居中，並與寬邊的距離保持在1 cm左右，否則軌道的寬邊無法與竹籤貼合。

(3) 在安裝操作手柄時，第1個操作手柄的兩端應該插入竹籤的A、C點，第二個操作手柄的兩端應插入B、D點。

2.2 障礙機關──運輸障礙箱

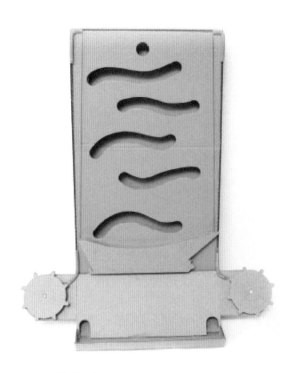

要保持左右平衡！

1 出發！

2 小心！
避開障礙通道……

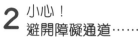
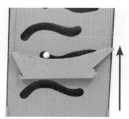

3 快爬……

4 加油，快到頂了……

5 勝利在望，
要進洞啦……

6 運輸彈珠成功！！！

運輸障礙箱紙箱機關玩具原理解釋

　　運輸障礙箱紙箱機關玩具主要是利用滑輪來帶動繩子進行上下運動。按同一方向或相反方向轉動船舵，使搭載彈珠的運輸船避開障礙通道，抵達運輸障礙箱頂部的洞口，即為運輸成功，彈珠掉入障礙通道即為失敗。

紙皮部件構造圖

※ 各零部件的圖示比例不等於平面圖的實際比例。

※ 此處的零部件平面圖為紙皮的平面圖，其他材料請看後面每部分的「準備」板塊。

※ 障礙箱側面擋板平面圖中的∠ a=50°，∠ b=100°。

運輸障礙箱

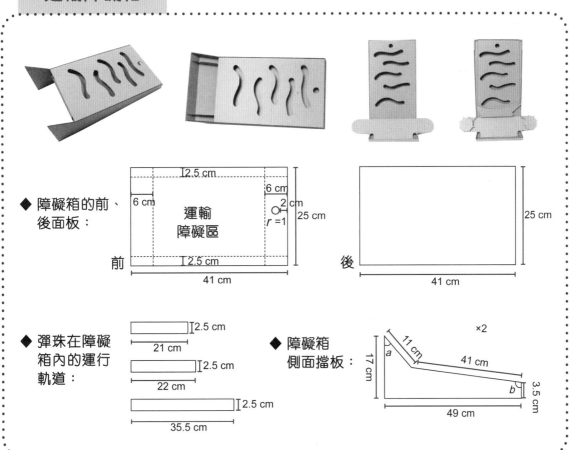

◆ 障礙箱的前、後面板：

前　運輸障礙區　12.5 cm　6 cm　2 cm　r =1　25 cm　6 cm　41 cm

後　25 cm　41 cm

◆ 彈珠在障礙箱內的運行軌道：
21 cm　2.5 cm
22 cm　2.5 cm
35.5 cm　2.5 cm

◆ 障礙箱側面擋板：
×2
17 cm　11 cm　a　41 cm　3.5 cm　b　49 cm

運輸障礙箱

◆障礙箱頂部蓋板：

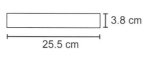

3.8 cm
25.5 cm

◆顯示運輸彈珠成功或失敗的斜面通道：

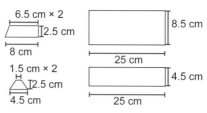

6.5 cm × 2
2.5 cm
8 cm
8.5 cm
25 cm

1.5 cm × 2
2.5 cm
4.5 cm
4.5 cm
25 cm

◆斜面通道蓋板：

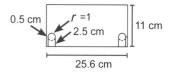

0.5 cm
r =1
2.5 cm
11 cm
25.6 cm

◆障礙箱的底部面板：

30 cm
25.6 cm

◆接球槽擋板：

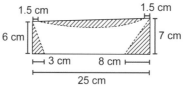

31 cm
4 cm   4 cm
33 cm

◆安裝船舵的面板：

× 2
r = 4
5.5 cm
3 cm 8 cm 3 cm

運輸船

◆運輸船船身：

1.5 cm   1.5 cm
6 cm   7 cm
3 cm   8 cm
25 cm

◆運輸船船身頂面：

1.2 cm
25.5 cm

船舵

◆製作船舵所需零件：

大   中   小

中：r =3 cm   小：r =2 cm

同心圓半徑尺寸，由內到外依次為：1.5 cm、2 cm、3.5cm、4 cm

工具

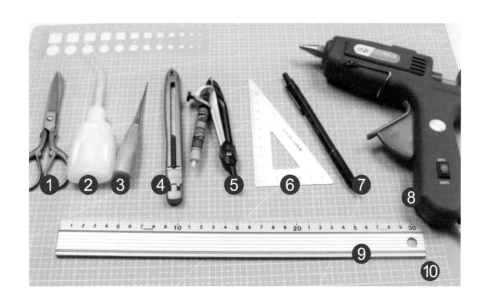

1️⃣ 剪刀
2️⃣ 強力膠水
3️⃣ 錐子
4️⃣ 剉刀
5️⃣ 圓規
6️⃣ 小三角尺
7️⃣ 鉛芯筆
8️⃣ 熱熔膠槍
9️⃣ 間尺
🔟 切割板

製作

製作障礙箱

準備

(1) 障礙箱的前、後面板

準備 2 塊長 41 cm、寬 25 cm 的長方形紙皮,用作障礙箱的前、後面板。將其中一塊紙皮的上下兩端各裁掉 2.5 cm,左、右兩側各裁掉 6 cm,用作機關玩具正面的運輸障礙區。

(2) 彈珠在障礙箱內的運行軌

準備 3 塊長條紙皮,尺寸分別為:長 21 cm、寬 2.5 cm,長 22 cm、寬 2.5 cm,長 35.5 cm、寬 2.5 cm。

(3) 障礙箱側面擋板

準備 2 塊形狀相同的紙皮,紙皮尺寸按圖中標示,∠a=50°,∠b=100°。

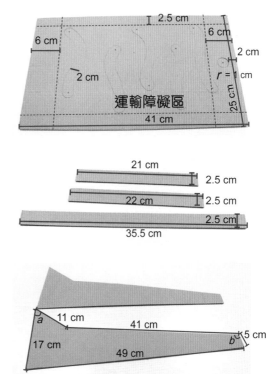

（4）障礙箱頂部蓋板

準備 1 塊長 25.5 cm、寬 3.8 cm 的紙皮。

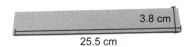

（5）顯示運輸彈珠成功或失敗的斜面通道

準備 2 塊長 8 cm、寬 2.5 cm 的紙皮，準備 1 塊長 25 cm、寬 8.5 cm 的紙皮，準備 1 塊長 25 cm、寬 4.5 cm 的紙皮，準備 2 塊上底長 1.5 cm、下底長 4.5 cm、高 2.5 cm 的梯形紙皮。

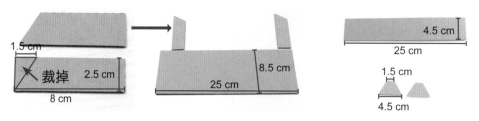

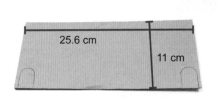
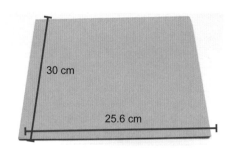

（6）斜面通道蓋板

準備 1 塊長 25.6 cm、寬 11 cm 的紙皮。

（7）障礙箱的底部面板

準備 1 塊長 30 cm、寬 25.6 cm 的紙皮。

（8）接球槽擋板

準備 1 塊上底長 31 cm、下底長 33 cm 的梯形長條紙皮，紙皮長條的高度可根據準備的遊戲道具尺寸來確定，只要能將遊戲道具擋在接球槽內即可。

（9）安裝船舵的面板

準備 2 塊由梯形與圓形組合形成的異形紙皮。梯形尺寸為：上底長 8 cm、下底長 14 cm、高 5.5 cm；圓形紙皮半徑為 4 cm。

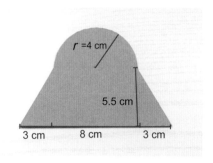

START 開始！

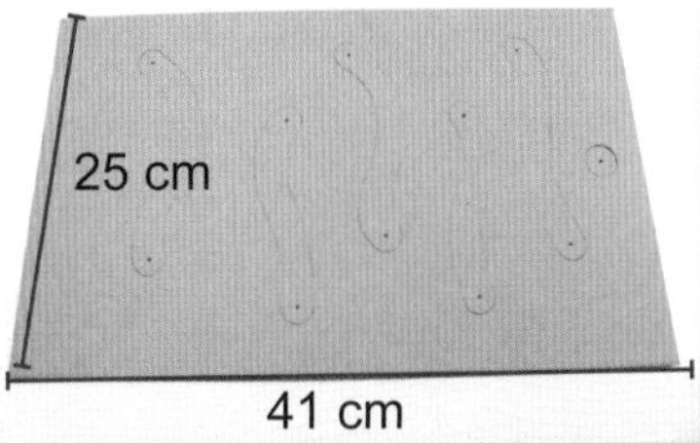
25 cm
41 cm

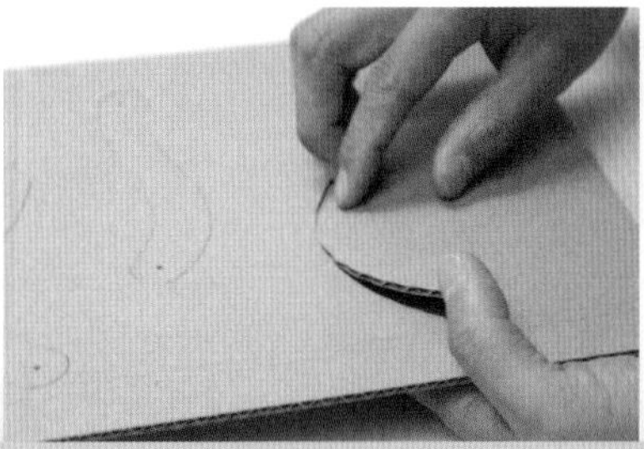

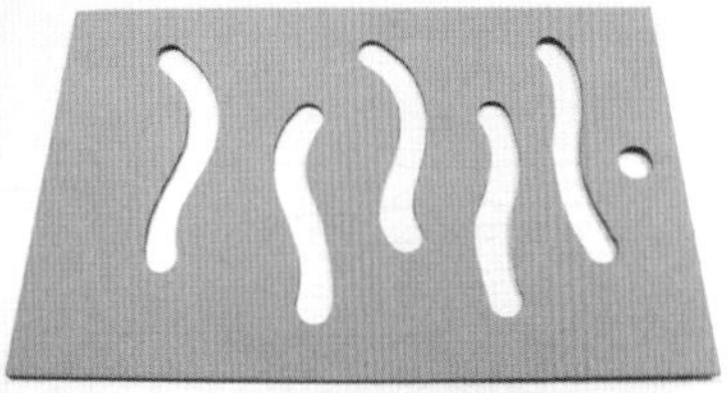

1 在長41 cm、寬25 cm的紙皮上畫出5個寬度為2 cm的波浪圖形及一個半徑1 cm的圓形，然後用𠝹刀裁掉，做成障礙箱的正（前）面面板。

製作小貼士！

如何繪製紙皮上彎曲的孔洞？

（1）確定障礙通道的尺寸，其長度約為障礙區寬度的2/3。

（2）在障礙通道的兩端和兩個轉折點分別畫出半徑為1 cm的圓（如右圖所示），給出參照點，以便畫出的障礙通道寬度保持在2 cm左右。

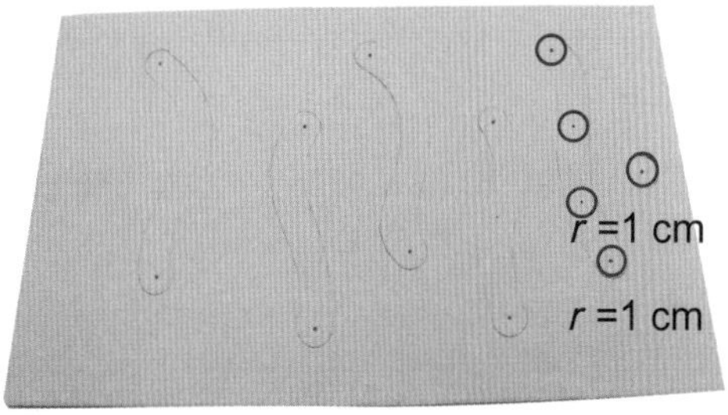
r =1 cm
r =1 cm

說明：

（1）障礙通道的密度越大，操作玩具的難度越大；反之，障礙通道的密度越小，操作玩具的難度越小。

（2）障礙通道的寬度與紙皮頂部的圓孔的直徑均要大於彈珠直徑，避免因寬度不夠使彈珠無法掉入，影響玩具的正常使用。

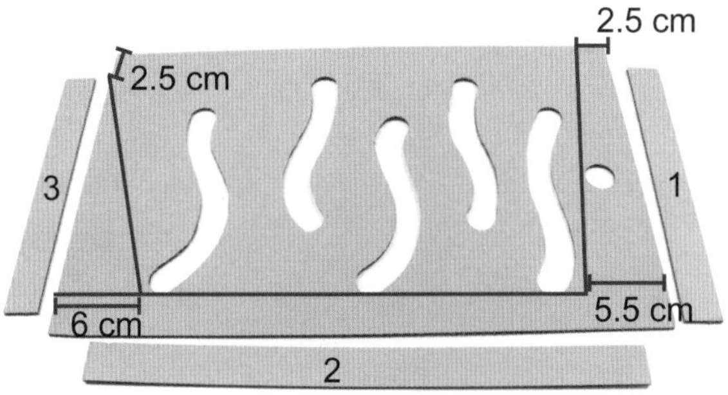
2.5 cm
2.5 cm
3
1
6 cm
5.5 cm
2

2 在障礙箱正面面板的背面畫出軌道路線。取出準備好的3條軌道。軌道的具體尺寸按圖示編號分別為：1號長22 cm、寬 2.5 cm，2號長35.5 cm、寬2.5 cm，3號長21 cm、寬2.5 cm。

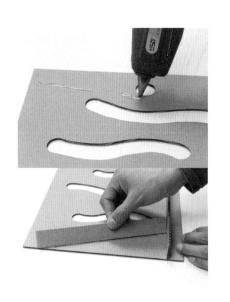

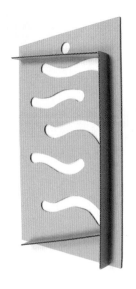

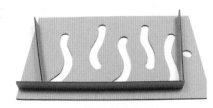

3 沿着上一步設置好的軌道線，將軌道依次用熱熔膠黏貼在相應位置，完成軌道製作。

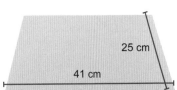

25 cm

41 cm

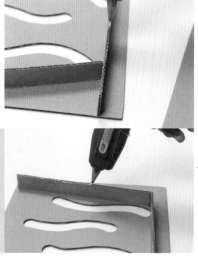

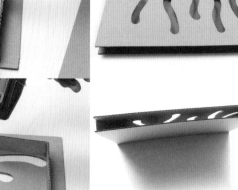

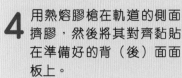

4 用熱熔膠槍在軌道的側面擠膠，然後將其對齊黏貼在準備好的背（後）面面板上。

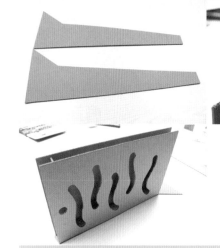

對齊邊線黏貼

5 取出準備好的障礙箱側面擋板。在障礙箱兩側用熱熔膠槍擠上熱熔膠，將其對齊側面擋板的直角邊線進行黏貼。

6 取出準備好的障礙箱頂部蓋板，在其4邊用熱熔膠槍擠上膠後，黏貼在障礙箱的頂部。

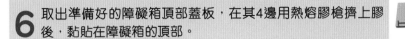

3.8 cm
25.5 cm

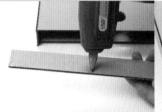

1.5 cm
裁掉
2.5 cm
8 cm

黏貼線
8.5 cm
2.5 cm
25 cm

7 取出準備好的用於顯示運輸彈珠成功或失敗的斜面通道。

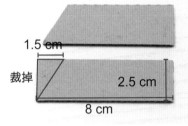

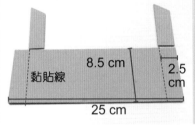

8 先把2塊小紙皮塗上熱熔膠黏貼到大紙皮上的黏貼線上，製作障礙箱底部的斜面通道。（注：2塊小紙皮的黏貼方向要一致。）

9 把上一步做好的斜面通道零件擠上熱熔膠後，黏到障礙箱底部的擋板內。紙皮的頂部要和障礙箱背面的擋板對齊黏貼。

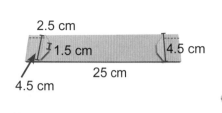

2.5 cm
1.5 cm
4.5 cm
25 cm
4.5 cm

10 作連接斜面通道底部的斜邊分隔板。

11 在斜邊分隔板的任意一長邊用熱熔膠槍擠膠,黏貼在障礙箱兩側的擋板內,同時要和斜面通道的底板邊緣對齊。

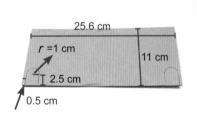

25.6 cm
$r = 1$ cm
11 cm
2.5 cm
0.5 cm

12 製作斜面通道蓋板。
(注:蓋板兩側的孔洞尺寸要適當大一些,防止孔洞過小,導致卡球。)

製作小貼士!

斜面通道蓋板的長:障礙箱的寬(25 cm)+兩側紙皮厚度(0.3 cm×2)=25.6 cm
說明:後面障礙箱底板的長為25.6 cm,其尺寸計算同上。

25.6 cm
$r = 1$ cm
11 cm
2.5 cm
0.5 cm

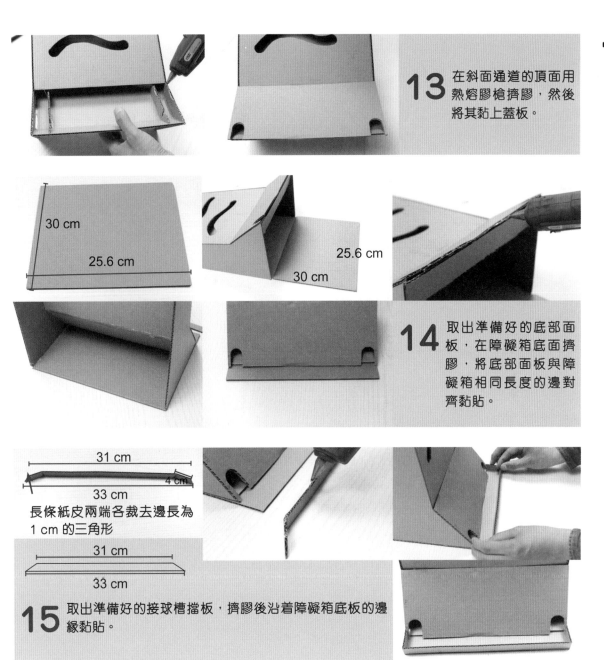

13 在斜面通道的頂面用熱熔膠槍擠膠，然後將其黏上蓋板。

30 cm
25.6 cm

25.6 cm
30 cm

14 取出準備好的底部面板，在障礙箱底面擠膠，將底部面板與障礙箱相同長度的邊對齊黏貼。

31 cm
4 cm
33 cm
長條紙皮兩端各裁去邊長為 1 cm 的三角形

31 cm
33 cm

15 取出準備好的接球槽擋板，擠膠後沿着障礙箱底板的邊緣黏貼。

製作小貼士！

如何製作凹痕？
1 在需要製作凹痕的位置，先用剕刀劃破紙皮表面。
2 用剕刀的頂部用力按壓紙皮裁切處，直至壓出凹痕。

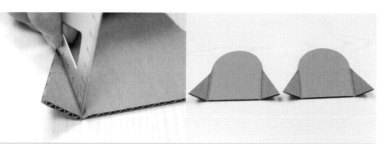

16 取出準備好的用於安裝船舵的面板，在其兩側的垂直線處，用間尺壓出凹痕，並將其折起。

17 用錐子在異形紙皮的圓心位置鑽孔。

18 將安裝船舵的面板兩側折起呈垂直狀態，在側邊用熱熔膠槍擠膠，將其黏貼到障礙箱的兩側。

溫故而知新！

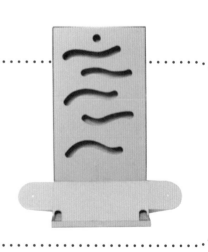

（1）製作障礙箱正面的障礙孔，可以在其兩端、中間轉折點等關鍵位置繪製參照點。

（2）注意障礙箱正面的障礙孔的密度對玩具操作難度的影響。

（3）障礙孔與頂部圓孔的尺寸要大於彈珠的尺寸。

製作運輸船

準備

（1）運輸船船身

準備 4 塊高 25 cm、上底 6 cm、下底 7 cm 的直角梯形紙皮，用作運輸船的船身面板。

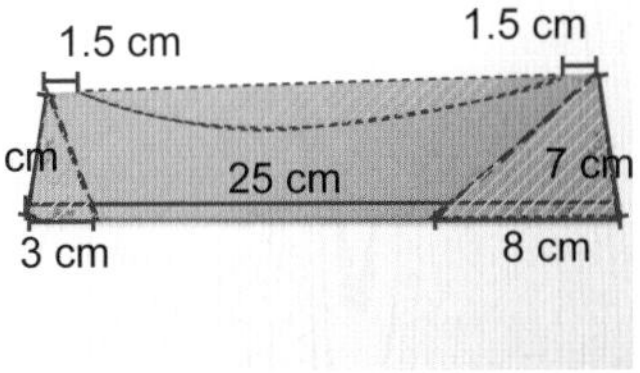

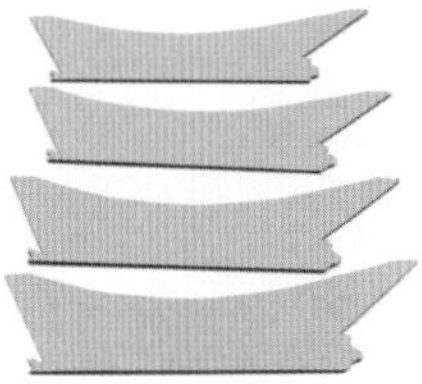

（2）運輸船船身頂面

準備 1 條長 25.5 cm、寬 1.2 cm（船的厚度：0.3 cm × 4=1.2 cm）的紙皮。

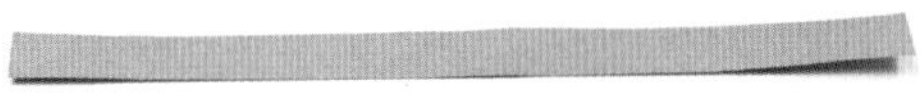

（3）運輸帶

準備 2 截長為 120 cm 的繩子。

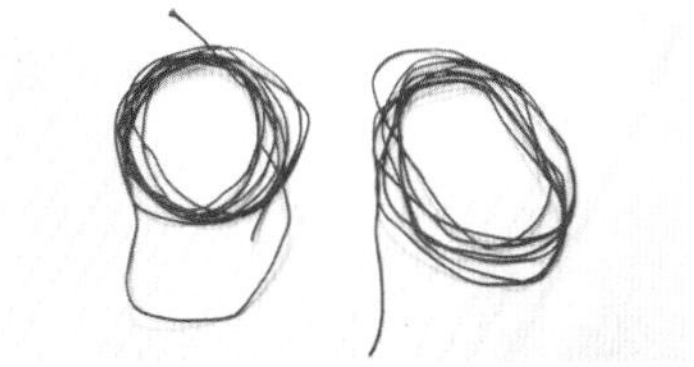

START 開始！

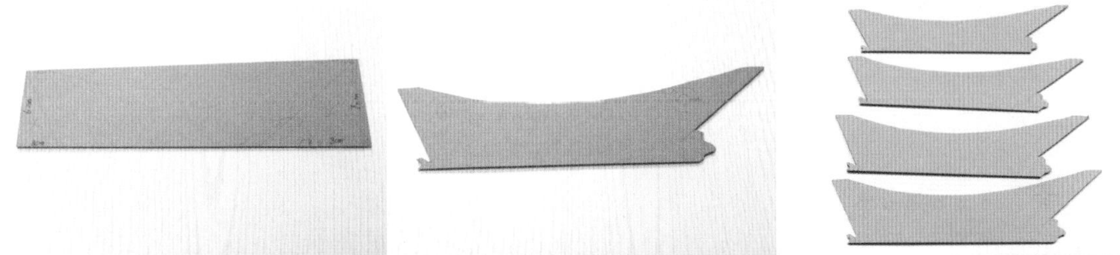

19 取出1塊準備好的高25 cm、上底6 cm、下底7 cm的直角梯形紙皮，用鉛筆畫出船形，然後用𠝹刀裁切；繼續用同樣的方法裁切出其餘3塊船形紙皮（共4塊）。
（注：船頭和船尾要有1.5 cm的平面，而4塊船身面板疊加起來的整個船體厚度要保證在1.2 cm以上。）

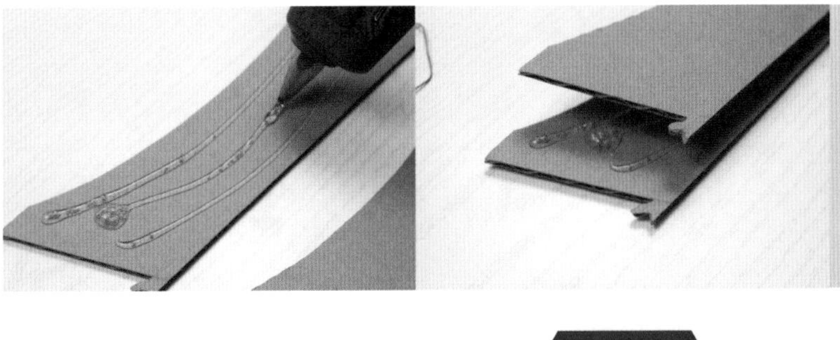

20 用熱熔膠將上一步中的2塊船形紙皮對齊黏貼。

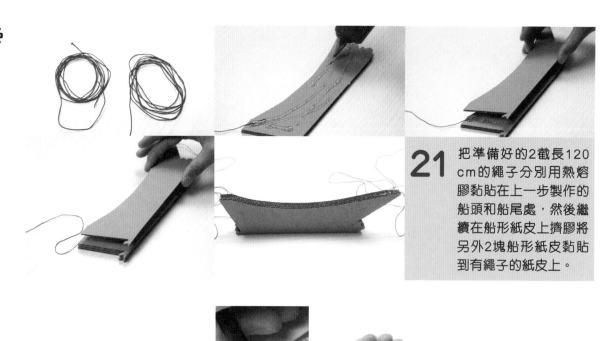

21 把準備好的2截長120 cm的繩子分別用熱熔膠黏貼在上一步製作的船頭和船尾處,然後繼續在船形紙皮上擠膠將另外2塊船形紙皮黏貼到有繩子的紙皮上。

22 取出準備好的用於製作運輸船船身頂面的紙皮,用剪刀沿着紙皮兩端的中線各剪出 1.5 cm 長的缺口。

23 先在船身頂面擠膠,再把準備好的紙皮黏貼在船身頂面,同時把船身上的繩子卡進紙皮兩端的開縫中。

溫故而知新!

(1) 船身厚度在1.2 cm 或1.2 cm以上(牢固),可根據所用紙皮的厚度決定紙皮使用的塊數。本書所用紙皮厚度為0.3 cm,因此,用了4塊紙皮做船身。

(2) 運輸船頂面黏貼的紙皮寬度為船身的寬度。

(3) 紙皮兩端各剪出1.5 cm長的缺口用於卡住運輸船兩端的繩子。

製作運輸船

（1）固定運輸帶的通道
準備 4 根可伸縮的飲管，取飲管的可伸縮部分。

（2）製作船舵所需零件
先準備 2 塊同心圓圓形紙皮，並在紙皮邊緣用剥刀切出船舵表面的形狀，同心圓半徑由內到外分別為 1.5 cm、2 cm、3.5 cm 和 4 cm；再分別準備 2 個半徑為 3 cm 和 6 個半徑為 2 cm 的圓形紙皮。

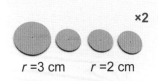

r =3 cm　r =2 cm

（3）船舵的轉軸
準備 2 根長約 5 cm 的圓頭木棒（木筷子）。

（4）遊戲道具
準備 1 顆直徑為 1.6 cm 的彈珠。

START 開始！

24 取出準備好的4根可伸縮的飲管，在可伸縮部分前後1 cm處分別用剪刀剪斷。

25 取出2根同色飲管，在飲管可伸縮部分的2 cm處將其折成「形；接着在障礙箱的頂部正面兩側直角處擠膠，將兩個「形飲管以相對的形式黏貼。

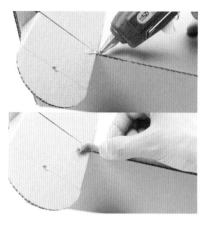
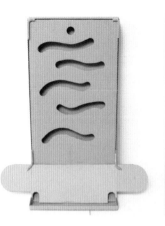

26 在障礙箱底部與船舵安裝面板相接處，用熱熔膠槍擠上膠後黏上另一種顏色的2根飲管。（注：此處的飲管要順着紙皮黏貼，多按幾秒，待膠凝固後才離手。）

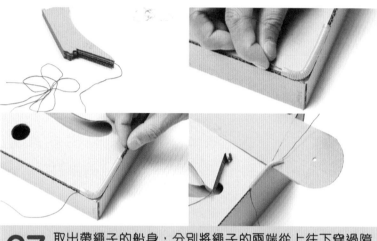
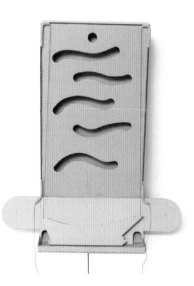

27 取出帶繩子的船身，分別將繩子的兩端從上往下穿過障礙箱兩側的飲管。

28 取出準備好的2段長5 cm的木棒，用作船舵的轉軸。

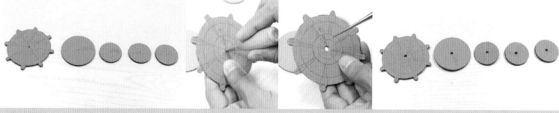

29 錐子依次在準備好的同心圓圓形紙皮的圓心處扎出和船舵轉軸相同大小的孔洞。

30 將木棒穿進船舵上的孔，並在接口處滴上強力膠水固定。

31 在木棒周圍的船舵上擠膠，黏上半徑為2 cm的圓形紙皮。

32 繼續在圓形紙皮上擠膠，黏上障礙箱兩側拉出的繩頭；然後迅速黏上另一個半徑為2 cm的圓形紙皮；最後在第2塊半徑為2 cm的圓形紙皮上擠膠，黏上半徑為3 cm的圓形紙皮。

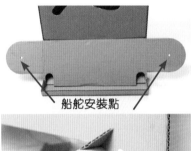

船舵安裝點

33 把製作好的兩個船舵分別插進障礙箱兩側船舵安裝面板的孔內，在船舵的背面黏上半徑為2 cm的圓形紙皮，最後在圓形紙皮和木棒的連接處滴上強力膠水固定，完成製作。

溫故而知新！

（1）障礙箱上、下、左、右四角的飲管，要沿着障礙箱的外殼黏貼。

（2）組裝船舵時，只需要在各組成部分的中間區域擠膠（保證船舵能夠來回轉動），只有在黏貼船舵背面的紙皮零件時，才會將膠擠在紙皮零件的中心圓孔處，進行最後固定（防止船舵從紙皮上脫落）。

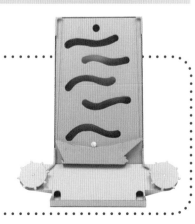

2.3 障礙機關———返回地球

**要找準
回家的正確入口！！！**

1 回家啦！

2 別急，慢慢來……

3 穩住……

4 開始大轉動啦……

5 看，是入口……

6 成功返回！

彈珠在
這兒！

返回地球紙箱機關玩具原理解釋

　　返回地球紙箱機關玩具利用滑輪，通過纏繞在兩個滑輪上的繩子來帶動固定在滑輪上的圓盤和方向盤轉動，從而讓圓盤上的彈珠順利通過進球孔進入接球槽。

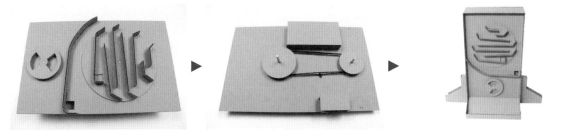

紙皮部件構造圖

※ 各零部件的圖示比例不等於平面圖的實際比例。

※ 此處的零部件平面圖為紙皮的平面圖，其他材料請看後面每部分的「準備」板塊。

※ 操作箱側面擋板的平面圖過於複雜，此處把一個平面圖拆解為兩個平面圖來展示。

　　其中 $\angle a = 107°$，$\angle b = 100°$，$\angle c = 90°$。

操作箱

◆彈珠在圓盤上運動的軌道面板： ×5

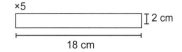

$$2 \text{ cm}$$
$$18 \text{ cm}$$

◆ 安裝彈珠運動路線的圓盤底板：

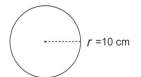

$r = 10$ cm

◆ 操作箱的正面面板：

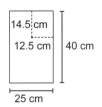

14.5 cm
12.5 cm
40 cm
25 cm

◆正面面板背面設置的2組機關箱：

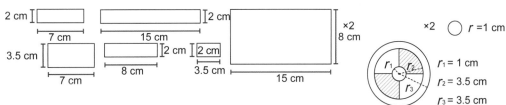

2 cm
7 cm
2 cm
15 cm
3.5 cm
7 cm
2 cm
8 cm
2 cm
3.5 cm
×2
8 cm
15 cm

◆操作方向盤：

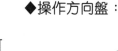

×2 $r = 1$ cm

×2

$r_1 = 1$ cm
$r_2 = 3.5$ cm
$r_3 = 3.5$ cm

◆彈珠在正面面板運行的軌道面板：

2 cm

30 cm

◆操作箱的側面擋板：

第 1 步

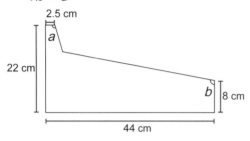

2.5 cm

a

22 cm

b

8 cm

44 cm

第 2 步

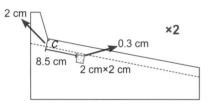

2 cm

×2

0.3 cm

8.5 cm

2 cm×2 cm

c

小正方形邊長 2 cm 小正方形距斜面距離 0.3 cm

◆操作箱的背面面板：

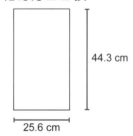

44.3 cm

25.6 cm

◆滑輪：

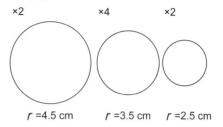

×2

×4

×2

r =4.5 cm

r =3.5 cm

r =2.5 cm

◆操作箱的封頂面板：

8 cm

25.6 cm

◆操作箱底部的斜面擋板：

8.5 cm

25 cm

◆操作箱底板邊緣處的立面擋板：

2.8 cm

25.6 cm

◆操作箱的底板：

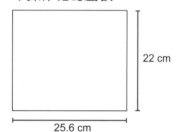

22 cm

25.6 cm

接球槽

◆操作箱左右兩側的接球槽：

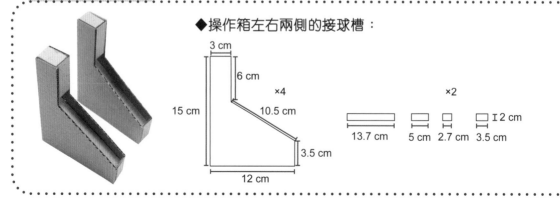

3 cm

6 cm

×4

×2

15 cm

10.5 cm

3.5 cm

12 cm

13.7 cm

5 cm

2.7 cm

3.5 cm

2 cm

工具

1. 大三角尺
2. 小三角尺
3. 錐子
4. 細錐
5. 強力膠水
6. 鑷子
7. 間尺
8. 鉛芯筆
9. 㓥刀
10. 圓規
11. 剪刀
12. 熱熔膠槍
13. 切割板

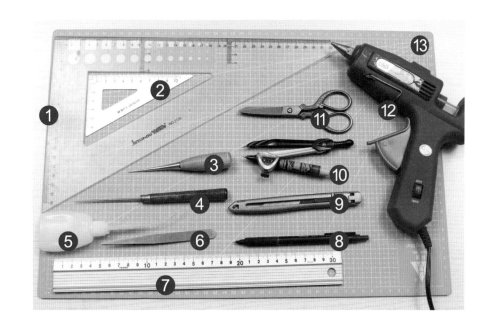

製作

製作操作箱

準備

（1）安裝彈珠運動路線的圓盤底板
準備 1 塊半徑為 10 cm 的圓形紙皮。

（2）彈珠在圓盤上運動的軌道面板
準備 5 塊長 18 cm、寬 2 cm 的長條紙皮。

（3）圓盤固定軸
準備 2 截長 5 cm 的圓頭木棒。

（4）操作箱的正面面板
準備 1 塊長 40 cm、寬 25 cm 的紙皮。

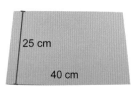

（5）彈珠在正面面板正面運行的軌道面板
準備 1 塊長 30 cm、寬 2 cm 的長條紙皮。

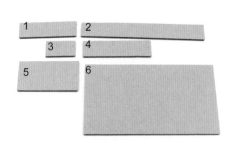

（6）正面面板背面設置的 2 組機關箱
準備 6 塊紙皮，按圖示編號尺寸分別為：
1 號紙皮長 7 cm、寬 2 cm，2 號紙皮長
15 cm、寬 2 cm，3 號紙皮長 3.5 cm、
寬 2 cm，4 號紙皮長 8 cm、寬 2 cm，5
號紙皮長 7 cm、寬 3.5 cm，6 號紙皮長
15 cm、寬 8 cm。

（7）操作方向盤
準備 2 塊半徑為 1 cm 的圓形紙皮；準
備 2 塊同心圓紙皮；同心圓的半徑分別
為 4.5 cm、3.5 cm、1 cm。

（8）滑輪
準備 2 塊半徑為 4.5 cm 的圓形紙皮，
準備 4 塊半徑為 3.5 cm 的圓形紙皮。
準備 2 塊半徑為 2.5 cm 的圓形紙皮。

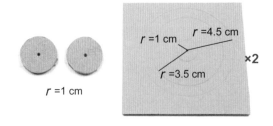

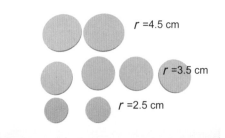

（9）帶動上下滑輪轉動的運輸帶
準備 1 根能夠纏繞上下滑輪 2 圈的毛線。

（10）操作箱的側面擋板
準備 2 塊異形紙皮，按圖示編號尺寸
分別為：1 號邊長 44 cm、2 號邊長 22
cm、3 號邊長 2.5 cm、4 號邊長 7.5
cm、5 號邊長 40 cm、6 號邊長 8 cm。

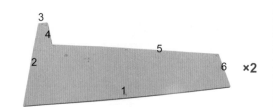

（11）操作箱底部的斜面擋板
準備 1 塊長 25 cm、寬 8.5 cm 的紙皮。

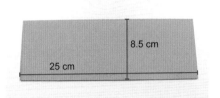

（12）操作箱的底板
準備 1 塊長 25.6 cm、寬 22 cm 的紙皮。

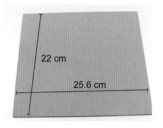

（13）操作箱底板邊緣處的立面擋板
準備 1 塊長 25.6 cm、寬 2.8 cm 的紙皮。

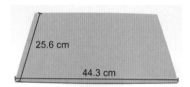

（14）操作箱的封頂面板
準備 1 塊長 25.6 cm、寬 8 cm 的紙皮。

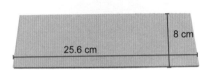

（15）操作箱的背面面板
準備 1 塊長 44.3cm、寬 25.6cm 的紙皮。

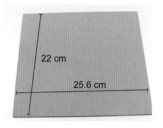

開始！

1 取出準備好的半徑為 10 cm 的圓形紙皮。

2 用鉛筆在圓形紙皮上分別畫出彈珠在紙皮上的運動軌道和彈珠掉入的正方形（邊長為 2 cm）孔洞。

3 用剁刀將紙皮上的正方形孔洞裁出。

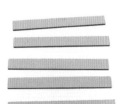

4 取出準備好的 5 塊用於彈珠在圓盤上運動的軌道面板。

5 用間尺在切好的軌道面板上壓出折痕，並將其對齊在圓形紙皮上畫好的運動路線做標記，再用剞刀裁掉多餘部分。

6 用熱熔膠槍在軌道面板的側面擠膠，並將其黏貼在圓形紙皮上的畫線處。

 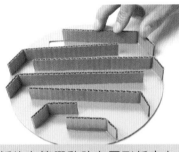 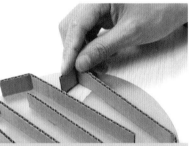

7 用同樣的方法將其他軌道面板依次擠膠黏貼在圓形紙皮上，做成彈珠在圓形紙皮上的運動軌道。

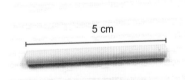

5 cm

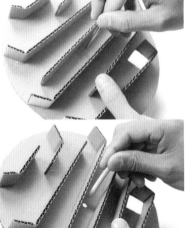 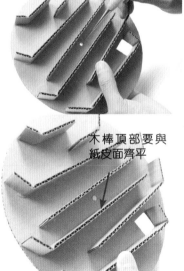

木棒頂部要與紙皮面齊平

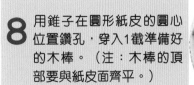

8 用錐子在圓形紙皮的圓心位置鑽孔，穿入1截準備好的木棒。（注：木棒的頂部要與紙皮面齊平。）

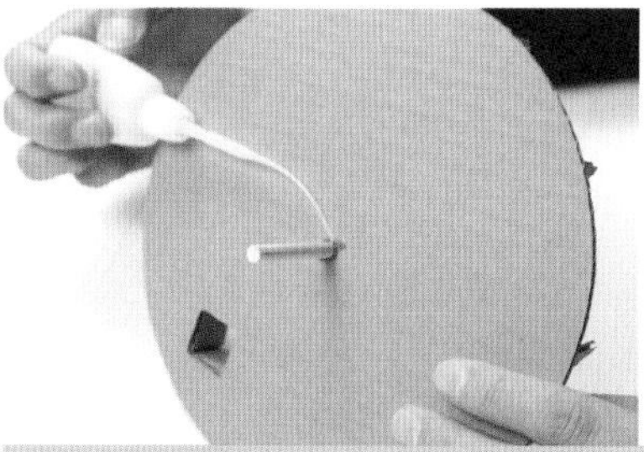
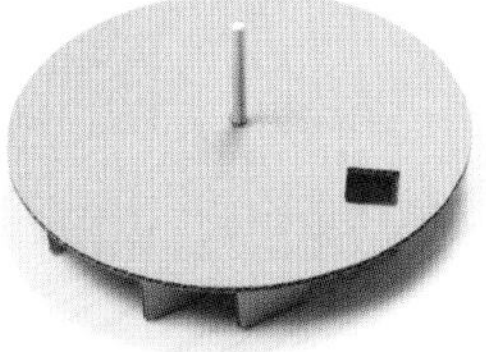
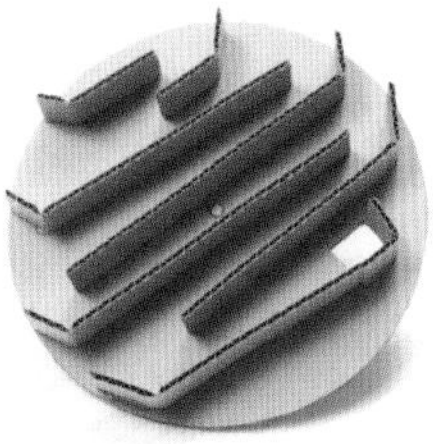

9 在圓形紙皮背面的木棒和圓形紙皮相接處用強力膠水固定，彈珠運動的圓盤部件製作完成。

製作小貼士！

(1) 圓盤上的軌道間距要大於彈珠的尺寸。
(2) 圓盤左右兩端軌道留出的缺口也要大於彈珠的尺寸。
(3) 圓盤上設置的軌道角度要輕微向下傾斜，但注意傾斜角度不要太大，避免彈珠運動速度過快，增加失敗機會。

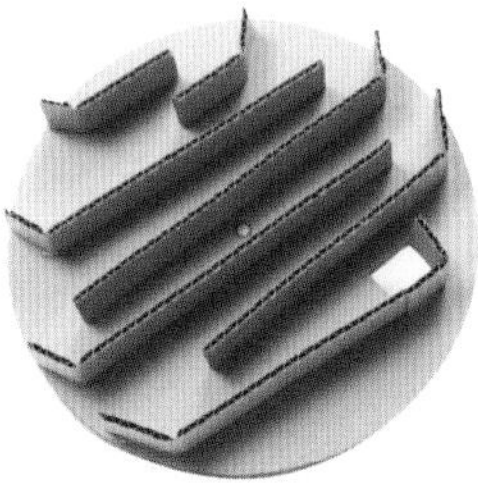

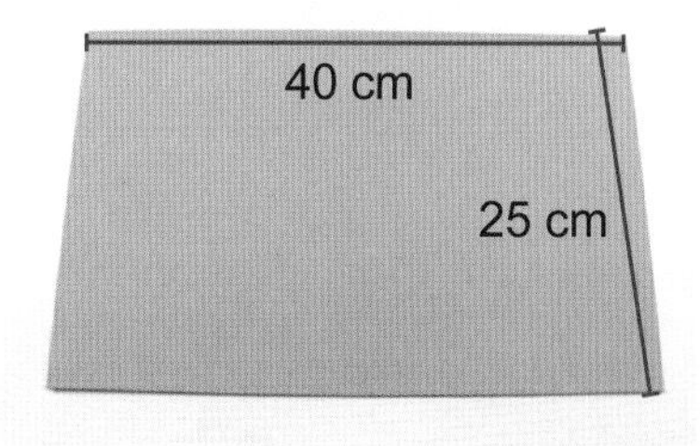

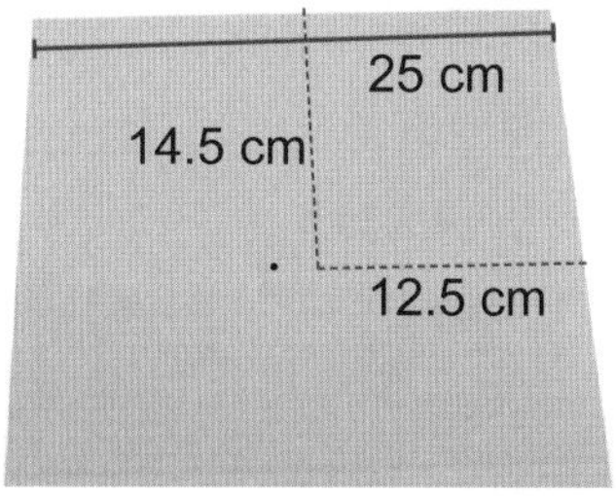

10 取出準備好的操作箱的正面面板，並在距寬邊14.5 cm、距長邊12.5 cm處定點，將該點作為後面圓盤部件的安裝點。

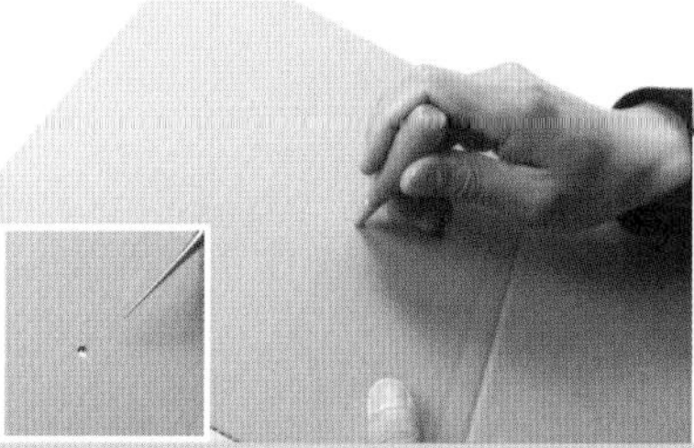
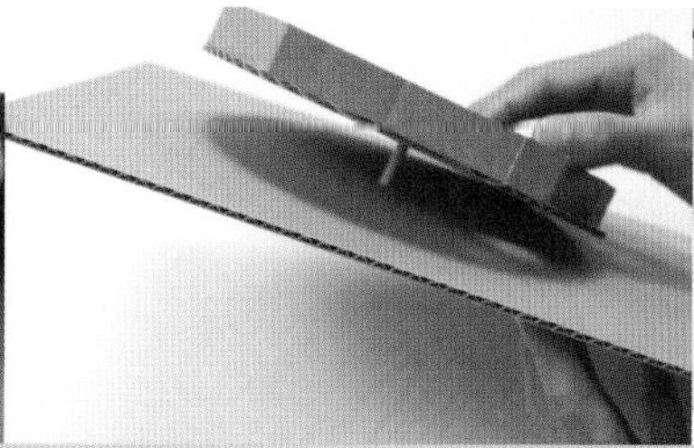
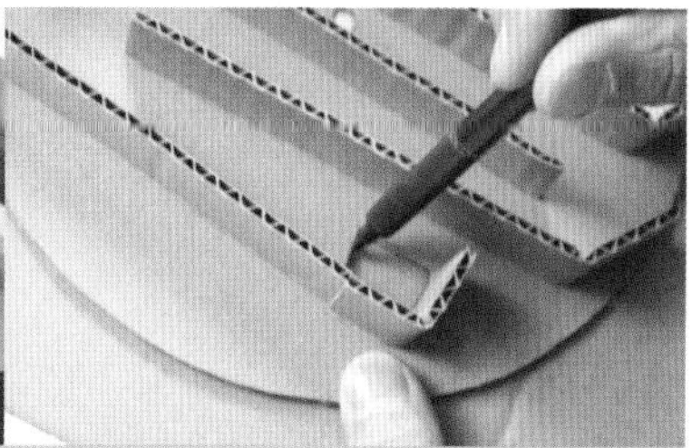

11 用錐子在正面面板上的定點處鑽孔，把做好的圓盤部件插入孔內；調整圓盤部件方向，用鉛筆比着圓盤部件上的正方形孔洞在正面面板上畫線；然後旋轉圓盤部件，繼續在正面面板側邊畫出正方形，作為彈珠的兩個入口。

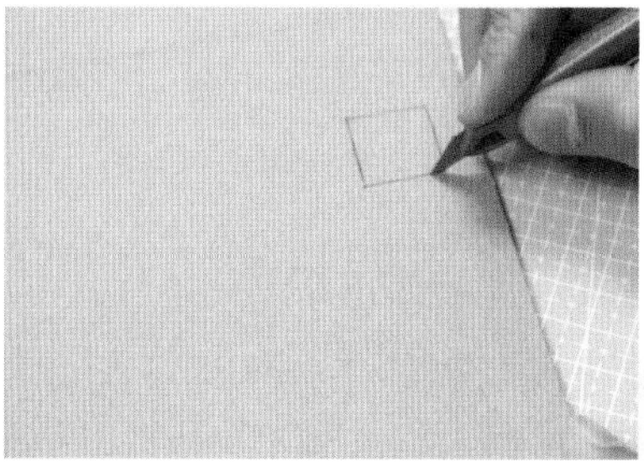
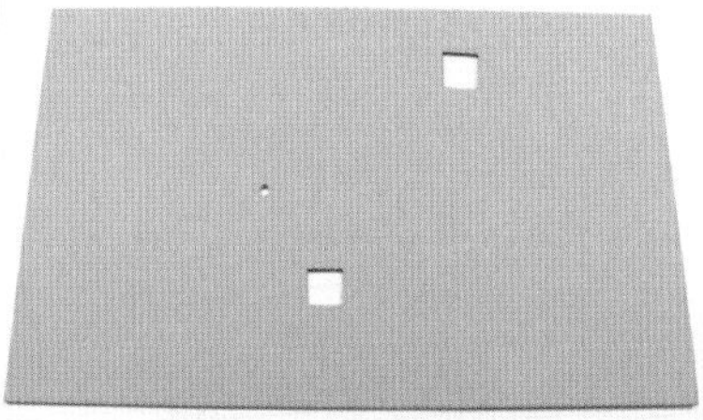

12 將正面面板放在切割板上，用𠝹刀分別沿着正面面板上的畫線標記裁出正方形孔洞。

2 cm

30 cm

13 取出準備好的用於彈珠在正面面板運動的軌道面板，用剉刀在瓦楞處淺刻，直到能讓該面板隨意彎曲。

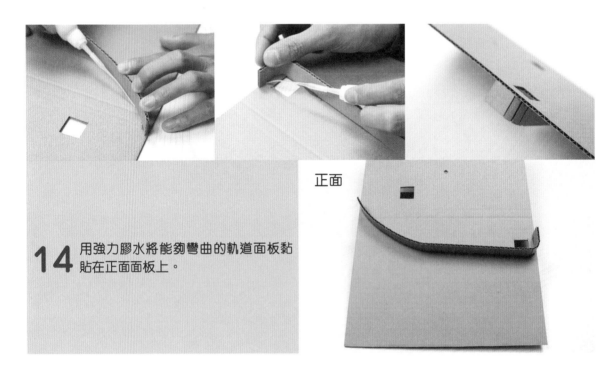

14 用強力膠水將能夠彎曲的軌道面板黏貼在正面面板上。

正面

背面

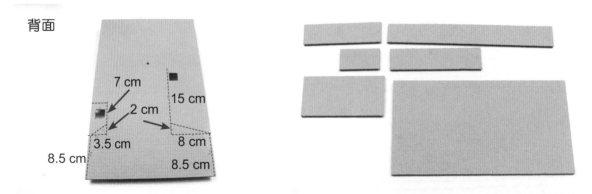

7 cm

15 cm

2 cm

3.5 cm

8 cm

8.5 cm

8.5 cm

15 在正面面板的背面標記出兩組機關箱的黏貼位置。取出準備好的用於製作正面面板背面機關箱的6塊紙皮。

16 用熱熔膠槍分別在準備好的機關箱零件上擠膠，再一一對應面板上的黏貼標記線進行固定。

17 繼續用熱熔膠槍在相應的機關箱零件上擠膠，黏上長方形蓋殼，完成面板右側機關箱的製作。

18 同樣地，在面板的左側正方形孔洞處黏貼相應的機關箱零件，然後黏上長方形蓋板。

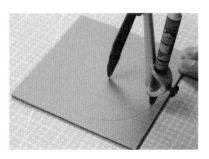

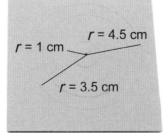

$r = 4.5$ cm
$r = 1$ cm
$r = 3.5$ cm

19 取出半徑分別為1 cm、3.5 cm、4.5 cm的同心圓紙皮。

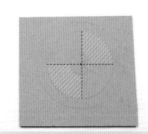

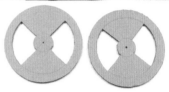

20 用剽刀在同心圓紙皮上裁出對稱多餘部分,製作操控玩具的方向盤面板。以此方法製作2個同樣的方向盤面板。

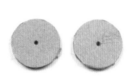
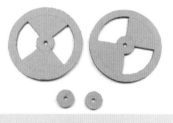

21 用錐子在方向盤面板上的圓心處鑽孔,再把準備好的2塊半徑為1 cm的圓形紙皮鑽孔。

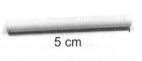

22 把1截長5 cm的木棒穿入方向盤面板上的孔裏,在方向盤面板反面木棒和紙皮的相接處滴入強力膠水進行固定。

23 用熱熔膠槍在方向盤面板反面擠膠,將另一塊方向盤面板穿過木棒,對齊下面面板黏貼,接着在木棒周圍擠膠,依次黏上2個半徑為1 cm的圓形紙皮。

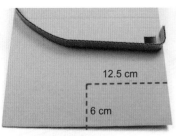

12.5 cm

6 cm

24 在操作箱的正面面板下方距長邊12.5 cm距寬邊6 cm處用錐子鑽孔，穿入方向盤部件，接着把前面製作的大圓盤插入面板上方的孔。

製作小貼士！

製作傳送滑輪： 下面給出的8個圓形紙皮是製作兩個滑輪的材料。大滑輪是用2個半徑為 4.5 cm和2個半徑為3.5 cm的圓形紙皮製成的，小滑輪是用2個半徑為3.5 cm和2個半徑為2.5 cm的圓形紙皮製成的。2個滑輪的內圓半徑均比外圓半徑小1 cm。

r =4.5 cm

r =3.5 cm

r =2.5 cm

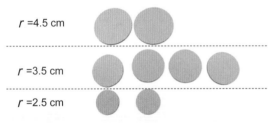

製作滑輪所需零件

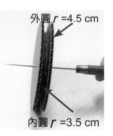

外圓 r =4.5 cm

內圓 r =3.5 cm

大滑輪

外圓 r =3.5 cm

內圓 r =2.5 cm

小滑輪

25 分別取出準備好的半徑為4.5 cm和3.5 cm的圓形紙皮各2塊，先將1個半徑為4.5cm的圓形紙皮固定在細錐上，依次用熱熔膠槍擠膠黏上兩個半徑為3.5 cm的圓形紙皮，最後擠膠黏上另一個半徑為4.5 cm的圓形紙皮，製作出大滑輪。

26 取出半徑為3.5 cm和2.5 cm的圓形紙皮各2塊，用同樣的方法製作小滑輪。

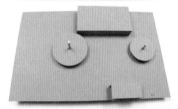

27 取出製作好的兩個滑輪，在操作箱正面面板背面大圓盤後面的木棒上穿入大滑輪，在方向盤木棒上套上小滑輪，最後用強力膠水固定。

製作小貼士！

在組合固定面板上A、B兩組部件時，前後兩面按壓不宜過緊，要留出一些空隙，保證A、B兩組部件能自由轉動。

正面面板正面

正面面板背面

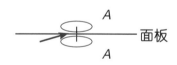

28 在滑輪上纏繞2圈毛線作為運輸帶，先調試繞線鬆緊，待鬆緊合適後再將線頭打結固定。（注：「鬆緊合適」應讓滑輪能正常轉動；毛線的長度能夠纏繞上下滑輪兩圈即可。）

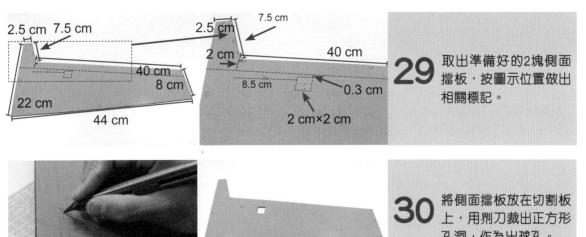

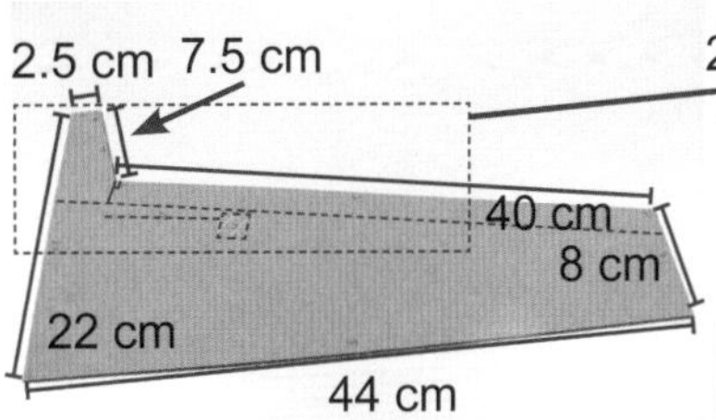
2.5 cm
7.5 cm
40 cm
8 cm
22 cm
44 cm

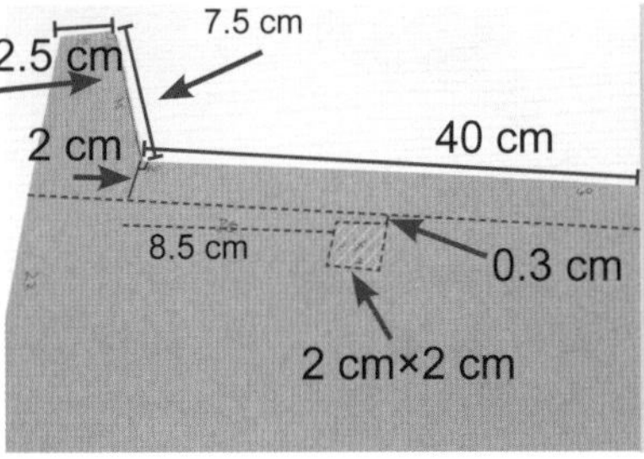
7.5 cm
2.5 cm
2 cm
40 cm
8.5 cm
0.3 cm
2 cm×2 cm

29 取出準備好的2塊側面擋板，按圖示位置做出相關標記。

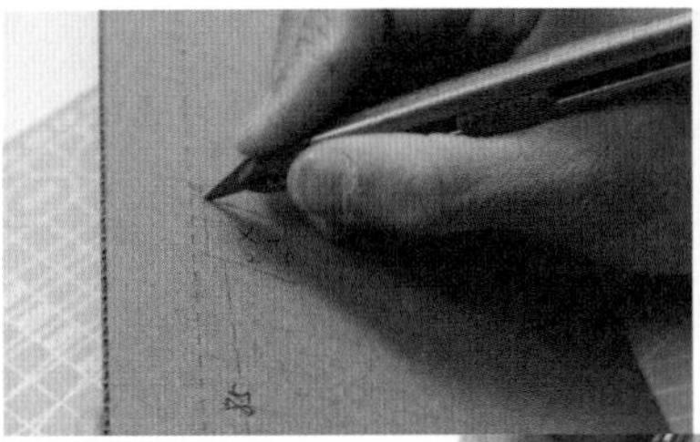

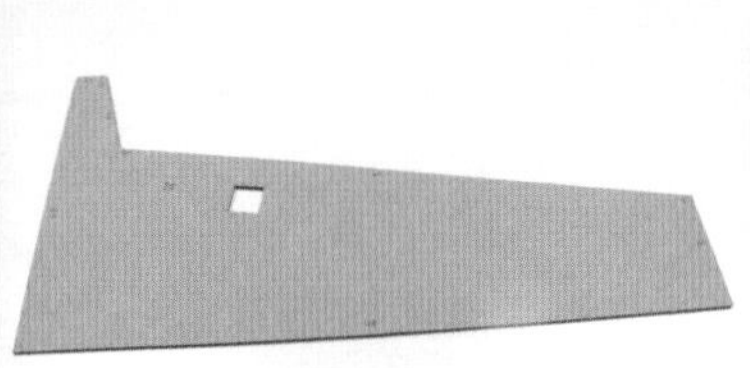

30 將側面擋板放在切割板上，用剃刀裁出正方形孔洞，作為出球孔。

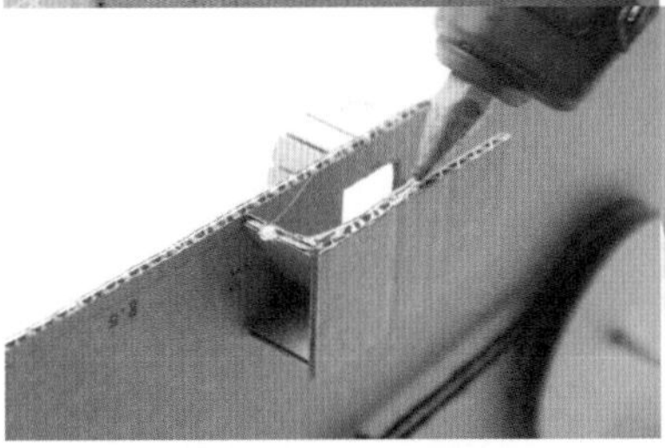

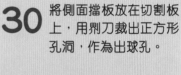

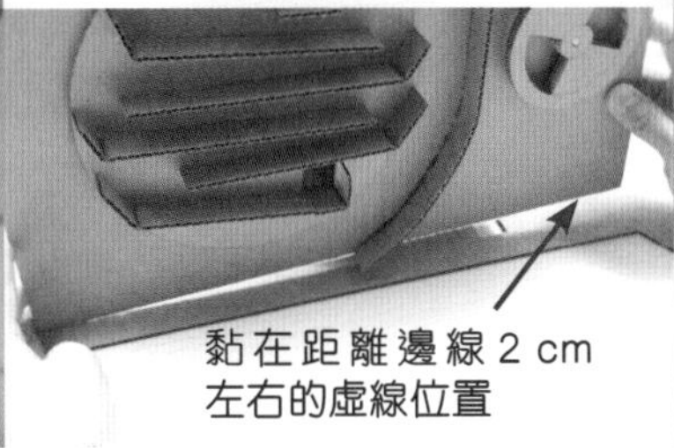
黏在距離邊線 2 cm
左右的虛線位置

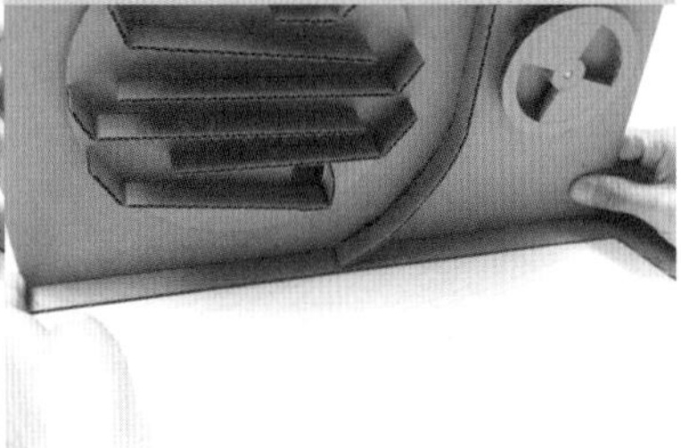

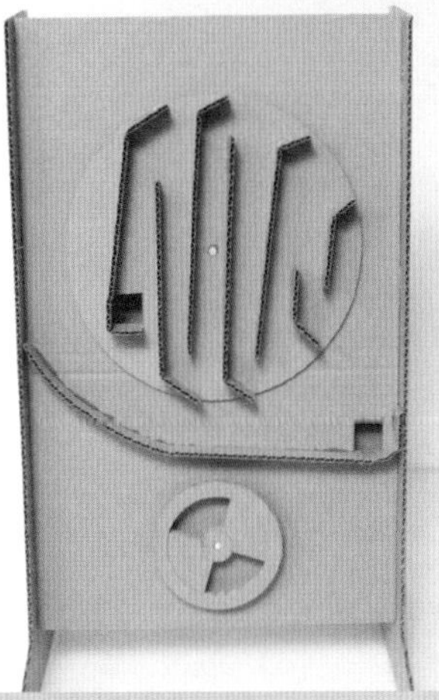

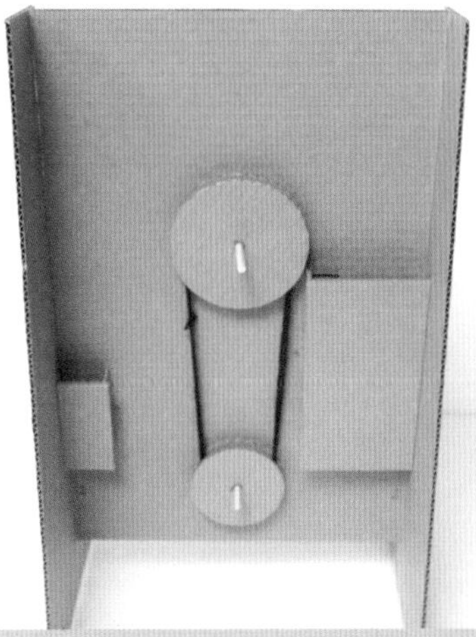

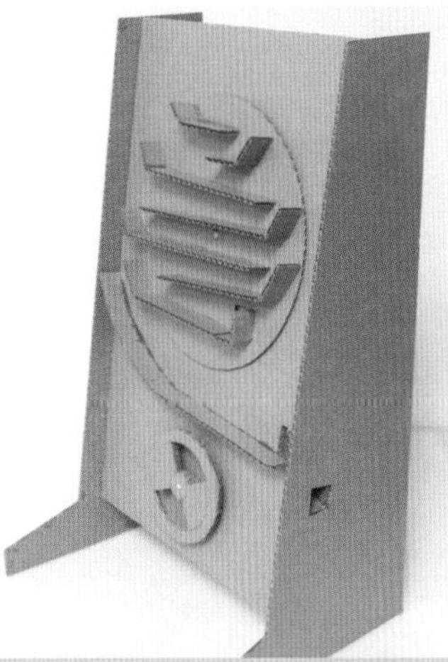

31 用熱熔膠槍分別在操作箱的兩側擠膠，然後黏上側面擋板。至此，操作箱的主體製作成型。

製作小貼士！

(1) 用來連接兩個滑輪的繩索要用摩擦力較大的線或繩子。
(2) 連接滑輪的繩索在纏繞打結時，打的結不要過於鬆動，以免出現「空轉不傳動」的現象。

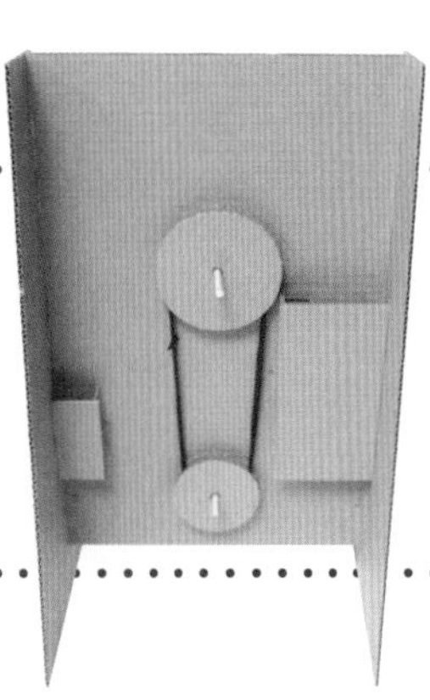

32 取出準備好的斜面擋板，用熱熔膠槍在斜面擋板的寬邊擠膠，然後將其黏貼在操作箱主體對接處。

33 取出準備好的操作箱的底板，在操作箱主體的底部擠膠後黏上底板。

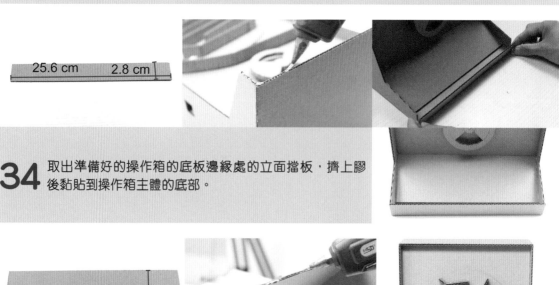

34 取出準備好的操作箱的底板邊緣處的立面擋板，擠上膠後黏貼到操作箱主體的底部。

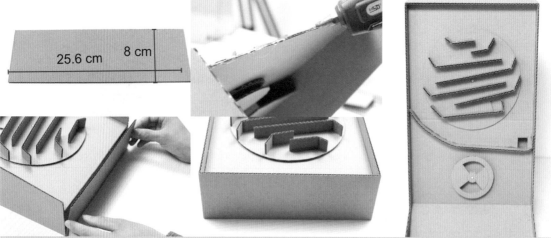

35 取出準備好的操作箱的封頂面板，擠上膠後黏貼到操作箱主體的頂部。

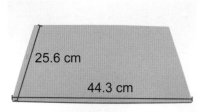

25.6 cm

44.3 cm

36 取出準備好的操作箱的背面面板，在操作箱主體的背面四邊擠膠後快速黏上背面面板。

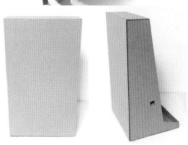

溫故而知新！

（1）大圓盤上的彈珠運行軌道角度設置要有一定的傾斜（傾斜角度不要太大），讓彈珠能夠往下滾動。

（2）圓盤和面板上的洞口大小要根據配搭使用的彈珠尺寸來定。

（3）黏貼操作箱部件時，在紙皮的側面黏貼，這樣玩具造型會更好看。

製作操作箱左右兩側的接球槽

準備

（1）操作箱左右兩側的接球槽

準備2組（每組2塊）異形紙皮，按圖示。準備4塊矩形紙皮，按圖示編號尺寸分別為：a 紙皮長 13.7 cm、寬 2 cm，b 紙皮長 5 cm、寬 2 cm，c 紙皮長 2.7 cm、寬 2 cm，d 紙皮長 3.5 cm、寬 2 cm。

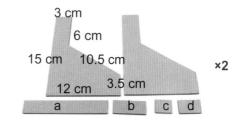

3 cm

6 cm

15 cm   10.5 cm

12 cm   3.5 cm

×2

a   b   c   d

（2）遊戲道具

準備 1 顆直徑為 1.6 cm 的彈珠。

37 在操作箱正面面板上的曲面長條側面擠膠，黏上1塊帶齒輪的長條紙皮，作為擋板，防止彈珠從圓盤上滾出軌道，不能順利進入面板右側的洞口。

答疑解惑！

為甚麼要在彈珠運動的軌道邊緣黏 1 條帶齒輪的長條紙皮？有何作用？

原因：

（1）軌道面板是垂直黏貼在正面面板上的，彈珠在軌道上快速運動時易滾出軌道。

（2）紙皮本身有厚度，其邊緣不能折成曲面，不能起到圍擋作用。

作用：

黏貼帶齒輪的長條紙皮，相當於給軌道邊緣添加一道防護欄，防止彈珠在滾動時偏離軌道，不能順利落入孔洞。

38 取出準備好的所需紙皮，分別在紙皮零件的邊緣處擠膠並依次進行組合黏貼。

39 在組合長條紙皮的側面擠膠，黏上另一塊紙皮。以此方法製作出兩個相同的接球槽。

40 用熱熔膠槍分別在兩個接球槽的側邊擠膠，並依次對齊操作箱主體兩側的孔洞黏上。至此，完成返回地球紙箱機關玩具的整體製作。

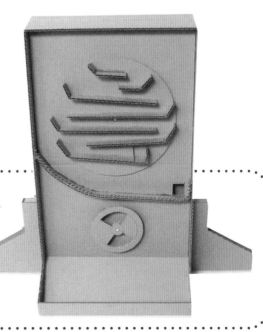

溫故而知新！

（1）要參照操作箱兩側的洞口高度設置接球槽所需零件的尺寸。

（2）製作紙箱機關玩具需要的零件尺寸，一開始就要設置準確，以免由於零部件尺寸出錯，影響後續製作。

2.4 益智機關——貪吃錢罌

投幣玩起來！！

1 拉開投幣箱

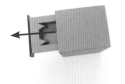

2 放入物件

3 關上！

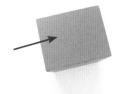

4 哎呀，
物件掉下去了呢……

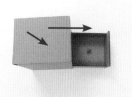

5 成功！

貪吃錢罌玩具原理解釋

　　貪吃錢罌紙箱機關玩具主要利用重力原理進行設計。在上層投幣箱裏設置活動面，當投幣箱完全插入主箱時，活動面失去支撐，硬幣受重力作用落入下層；在下層設置接硬幣的錢罌，以便接住上層掉落下來的硬幣。

紙皮部件構造圖

※ 各零部件的圖示比例不等於平面圖的實際比例。

※ 此處的零部件平面圖為紙皮的平面圖，其他材料請看後面每部分的「準備」板塊。

投幣箱

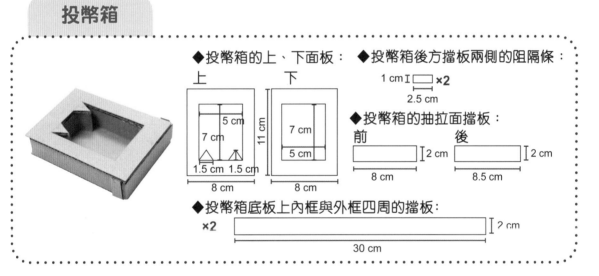

◆投幣箱的上、下面板：

上　　　　　下

5 cm
7 cm
11 cm
7 cm
5 cm
1.5 cm　1.5 cm
8 cm　　　8 cm

◆投幣箱後方擋板兩側的阻隔條：

1 cm 丨☐ ×2
2.5 cm

◆投幣箱的抽拉面擋板：

前　　　　　　後
丨2 cm　　　丨2 cm
8 cm　　　　8.5 cm

◆投幣箱底板上內框與外框四周的擋板：

×2　　　　　　　　　　　　　　丨2 cm
30 cm

錢罌

◆錢罌的底板：

8.4 cm
11 cm

◆錢罌的推入面與抽拉面擋板：

推入面　　　　抽拉面
9 cm
4.5 cm　　　6.5 cm

◆錢罌的左右兩側擋板：

4.5 cm
×2
11 cm

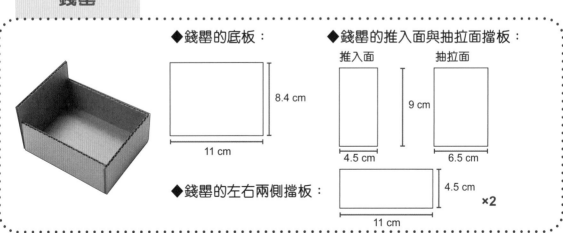

錢罌主箱

◆ 錢罌主箱的左右外框：

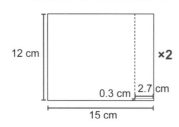

12 cm ×2

0.3 cm 2.7 cm

15 cm

◆ 錢罌主箱左右外框內部的抽拉軌道：

×4

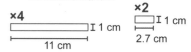

11 cm   I 1 cm

×2

I 1 cm

2.7 cm

◆ 投幣箱正面擋板：

2.7 cm

9.6 cm

◆ 錢罌主箱的上、下、前、後四面的外框擋板：

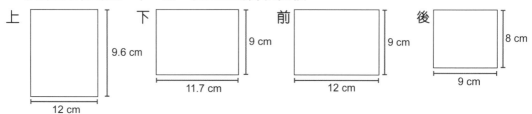

上 9.6 cm / 12 cm

下 9 cm / 11.7 cm

前 9 cm / 12 cm

後 8 cm / 9 cm

工具

1 透明膠紙
2 剝刀
3 鉛芯筆
4 小三角尺
5 熱熔膠槍
6 間尺
7 切割板

製作

製作投幣箱

準備

（1）製作投幣箱的上、下面板
準備 2 塊長 11 cm、寬 8 cm 的長方形紙皮，並在紙皮中間畫出長 7 cm、寬 5 cm 的矩形；選擇其中一塊紙皮，在畫出的矩形框底部兩側畫出底和高均為 1.5 cm 的等腰三角形。

虛線均為 1.5 cm

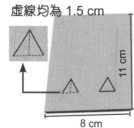

11 cm

8 cm

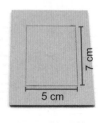

7 cm

5 cm

（2）製作投幣箱後方擋板兩側的阻隔條
準備2塊長2.5 cm、寬1 cm的小條紙皮。

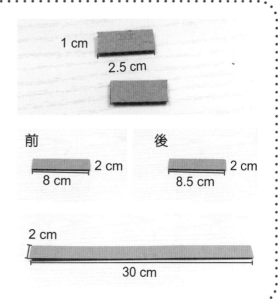

（3）製作投幣箱的抽拉面擋板
分別準備2塊8 cm、寬2 cm和長8.5
cm、寬2 cm的長條紙皮。

（4）製作投幣箱底板上內框與外框四周
的擋板
準備2塊長30 cm、寬2 cm的長條紙皮。

START 開始！

1 取出畫有長7 cm、寬5 cm矩形內框的長方形紙皮，作為投幣箱的底板。用剝刀沿着內框邊線
將矩形裁切下來，然後在切割板上用間尺按壓裁下的長方形紙皮，用剝刀將長方形紙皮的四周
裁去少許部分。

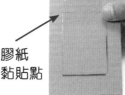

膠紙
黏貼點

2 用剪刀剪下一截透明膠
紙，將裁切了邊緣的長方
形紙皮黏貼到原本的長方
形紙皮的任意一條長邊
上。

製作小貼士！

將投幣箱底板的內框長方形紙皮裁去少許部分的目的：讓長方
形紙皮與外框有一定距離，保證內部的長方形紙皮在抽拉過程
中受重力作用，可以無障礙地向下掉落，以此來「存錢」。

2 cm

30 cm

3 取出準備好的長30 cm、寬2 cm的長條紙皮。

4 從邊緣處撕開，將長條紙皮上層的紙皮撕下，留下帶有齒輪的部分。

有膠紙的一面朝下

透明膠紙背面線條

5 取出黏有透明膠紙的紙皮，將有透明膠紙的一面朝下放在桌上。接着用熱熔膠槍擠膠，把前面撕好的帶齒輪的長條紙皮沿着長方形紙皮內框的邊線垂直黏貼，當長條紙皮貼到黏有透明膠紙的一邊時，需要在長方形紙皮內框的兩側向內折出兩個等腰三角形，在長條紙皮圍繞內框一圈後，用剪刀剪去多餘的部分。

製作小貼士！

（1）有膠紙的一面必須朝下放置，保證製作的活動面可以向下活動。
（2）將長條向內折的時候，注意折出三角形的高和底邊約1.5 cm。

 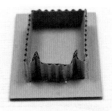

底邊、高約 1.5 cm

2 cm

8.5 cm

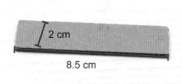

凸出

凸出

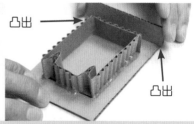

6 取出準備好的長8.5 cm、寬2 cm的長條紙皮作為投幣箱的抽拉面擋板。用熱熔膠槍在長條紙皮底部邊緣擠膠，將長條紙皮對齊投幣箱底板正對三角形凹槽的一邊黏貼。另外，需注意投幣箱抽拉面的左右兩側比投幣箱底板多出0.25 cm。取出準備好的長8 cm的底面擋板，用同樣的方法黏在抽拉面擋板的對邊。

多出 0.25 cm

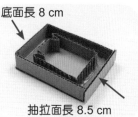

底面長 8 cm

抽拉面長 8.5 cm

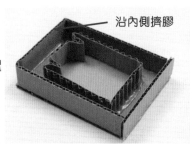

沿內側擠膠

2 cm

30 cm

7 取出準備好的另一塊長30 cm、寬2 cm的長條紙皮，將其沿着投幣箱底板上的其餘3邊垂直圍繞，一邊圍繞一邊沿着內側擠上熱熔膠，讓長條紙皮固定在底板四周。

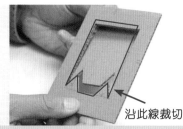

沿此線裁切

8 取出畫有三角形的另一塊長11 cm、寬8 cm的紙皮，用剅刀沿着畫好的內框圖案的邊線裁切，裁切後取出內部紙皮，保留紙皮外框。

內外框都要擠膠

9 用熱熔膠槍在製作的部件外框頂部擠膠，將上一步裁切出的紙皮外框對齊部件頂面進行黏貼。

1 cm

2.5 cm

還有這裏

抽拉面板

黏貼到這裏

10 取出準備好的長2.5 cm、寬1 cm的2塊小紙皮，在其正面擠膠後，將它們橫向黏貼到抽拉面紙皮凸出的兩側。至此，錢罌的投幣箱製作完成。

（1）黏貼底板內部長方形紙皮時，要在沒有貼透明膠紙的三邊留出足夠的間隙，保證長方形紙皮可以自由活動。

（2）在底板上黏貼帶齒輪的長方形紙皮時，要在黏貼有透明膠紙的背面線條處向內折出兩個底邊、高約為1.5 cm的等腰三角形。

（3）黏貼抽拉面時注意左右均勻凸出，凸出的長度為0.25 cm。

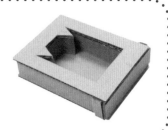

製作錢罌

準備

（1）準備1塊長11 cm、寬8.4 cm的紙皮，作為錢罌的底板。

（2）準備2塊長11 cm、寬4.5 cm的紙皮，作為錢罌左右擋板。

（3）準備1個長9 cm、寬4.5 cm的紙皮，作為錢罌的推入面擋板。

（4）準備1個長9 cm、寬6.5 cm的紙皮，作為錢罌的抽拉面擋板。

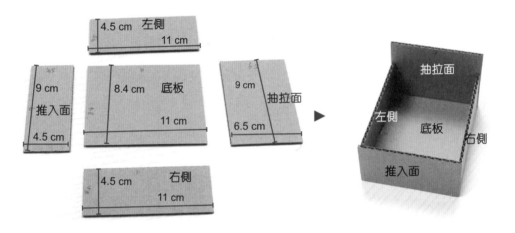

START 開始！

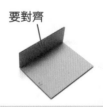

要對齊

11 取出長11 cm、寬8.4 cm的紙皮，在紙皮邊緣擠膠；將2塊長11 cm、寬4.5 cm的紙皮對齊底板紙皮的相同長邊分別進行黏貼。

12 在做好的錢罌部件一端的邊緣擠膠，將準備好的長9 cm、寬6.5 cm的紙皮對齊黏貼，作為錢罌的抽拉面。

13 將長9 cm寬、4.5 cm的紙皮黏貼到錢罌部件的另一端，作為錢罌的推入面。至此，完成錢罌的製作。

答疑解惑！

為甚麼錢罌底面紙皮的寬度與推入面紙皮和抽拉面紙皮的橫向長度不一致？

　　因為左右兩側紙皮是沿着底板邊緣黏貼，所以推入面紙皮和抽拉面紙皮的橫向長度需要加上底面紙皮的厚度。

　　所以，推入面紙皮和抽拉面紙皮的橫向長度=底面紙皮寬度（8.4 cm）+紙皮厚度（0.3 cm×2）=9 cm。

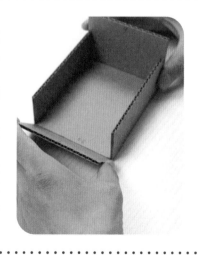 

9 cm

8.4 cm

9 cm

製作錢罌

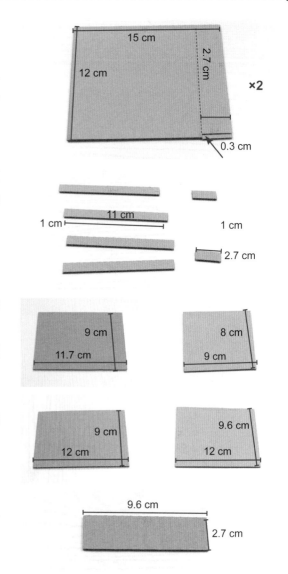

（1）錢罌主箱的左右外框

準備 2 塊長 15 cm、寬 12 cm 的紙皮。在距離紙皮寬邊邊緣 2.7 cm 處畫上虛線，並在右下角裁去長 2.7 cm、寬 0.3 cm 的矩形。

15 cm
12 cm
2.7 cm
×2
0.3 cm

（2）錢罌主箱左右外框內部的抽拉軌道

準備 4 塊長 11 cm、寬 1 cm 的長條紙皮，2 塊長 2.7 cm、寬 1 cm 的紙皮。

1 cm　11 cm　1 cm　2.7 cm

（3）錢罌主箱的上、下、前、後四面的外框擋板

準備 4 塊長方形紙皮，它們的尺寸分別為（下）長 11.7 cm、寬 9 cm，（後）長 9 cm、寬 8 cm，（前）長 12 cm、寬 9 cm，（上）長 12 cm、寬 9.6 cm。

9 cm　11.7 cm　8 cm　9 cm
9 cm　12 cm　9.6 cm　12 cm

（4）投幣箱正面擋板

準備 2 塊長 9.6 cm、寬 2.7 cm 的長方形紙皮。

9.6 cm　2.7 cm

START 開始！

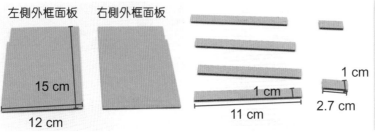

左側外框面板　右側外框面板

15 cm
12 cm
1 cm
11 cm
1 cm
2.7 cm

14 取出準備好的 2 塊裁去一角的長 15 cm 寬、12 cm 的紙皮和 4 塊長 11 cm、寬 1 cm 的長條紙皮以及 2 塊長 2.7 cm、寬 1 cm 的紙皮。

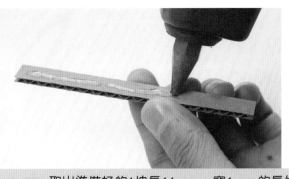
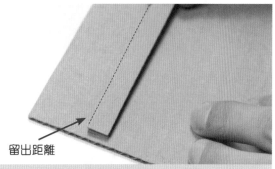

留出距離

15 取出準備好的1塊長11 cm、寬1 cm的長條紙皮,在長條紙皮正面擠上熱熔膠,將其沿着虛線黏貼到錢罌主箱左側外框面板上長2.7 cm、寬0.3 cm矩形小框的長邊線的內側。黏貼長條紙皮時,在上下兩端留出距離。

製作小貼士!

(1) 右下角缺口的設計是為了讓投幣箱能夠順暢地往外抽拉,避免被卡住。
(2) 長條紙皮長11 cm,紙皮寬12 cm,長條紙皮的長度短於紙皮的寬度。上下留出約為紙皮厚度的距離,是為了留出空間黏貼外框。

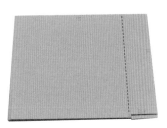

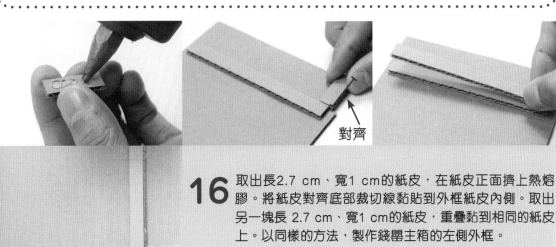

對齊

16 取出長2.7 cm、寬1 cm的紙皮,在紙皮正面擠上熱熔膠。將紙皮對齊底部裁切線黏貼到外框紙皮內側。取出另一塊長 2.7 cm、寬1 cm的紙皮,重疊黏到相同的紙皮上。以同樣的方法,製作錢罌主箱的左側外框。

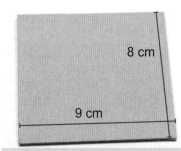

8 cm

9 cm

沿着寬邊擠膠

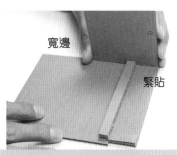

寬邊

緊貼

17 取出長9 cm、寬8 cm的紙皮作為錢罌主箱後面的擋板。用熱熔膠槍在紙皮的寬邊擠上膠,將紙皮對齊黏貼在錢罌主箱右側外框面板寬邊的紙皮上面。

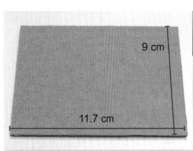  

18 取出長11.7 cm、寬9 cm的紙皮作為錢罌主箱的底（下）部面板。用熱熔膠槍在紙皮的長邊擠膠，將其對齊黏貼在錢罌主箱右側外框面板的長邊上面。

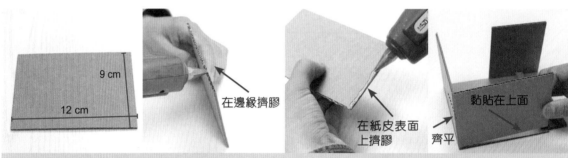

19 取出長12 cm、寬9 cm的紙皮作為錢罌主箱的正（前）面擋板。用熱熔膠槍分別在紙皮的長邊和寬邊擠膠，將其對齊黏貼到錢罌主箱右側外框面板的另一條長邊上面。

20 在做好的外框部件的頂部邊緣擠膠。取出步驟16中做好的錢罌主箱左側外框的面板，將它對齊黏貼在右側外框部件的頂部。

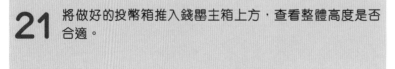 

21 將做好的投幣箱推入錢罌主箱上方，查看整體高度是否合適。

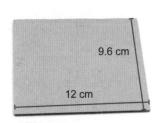

擠膠時注意避開投幣箱

對齊邊緣

22 取出長12 cm、寬9.6 cm的紙皮作為錢罌主箱的頂（上）部面板。在做好的錢罌主體的頂部邊緣擠膠，將紙皮對齊黏貼到錢罌的頂面，給錢罌主箱封頂。

在紙皮中間位置擠膠

23 取出長9.6 cm、寬2.7 cm的紙皮，在紙皮正面中心擠膠，將其黏貼到投幣箱的正面，作為投幣箱抽拉面的正面。至此，錢罌製作完成。（注：擠膠的位置不能太靠近紙皮邊緣，否則容易將紙皮固定在錢罌的外框上。）

溫故而知新！

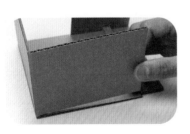
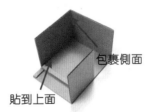

包裹側面

貼到上面

（1）黏貼錢罌主體外框時，要沿着長條紙皮的邊線黏貼到底面紙皮的上面，而不是底面紙皮的側面。

（2）在底面紙皮的長邊邊緣擠膠是為了讓紙皮貼到底面紙皮的面上；在寬邊的面上擠膠是為了讓紙皮豎向包裹住側面紙皮的邊緣，這樣會使外框更加美觀。

（3）製作錢罌左右兩側主體外框時，黏貼長條要在上下部分留出距離。

（4）步驟22、步驟23中，擠膠時要注意避開周圍物體。

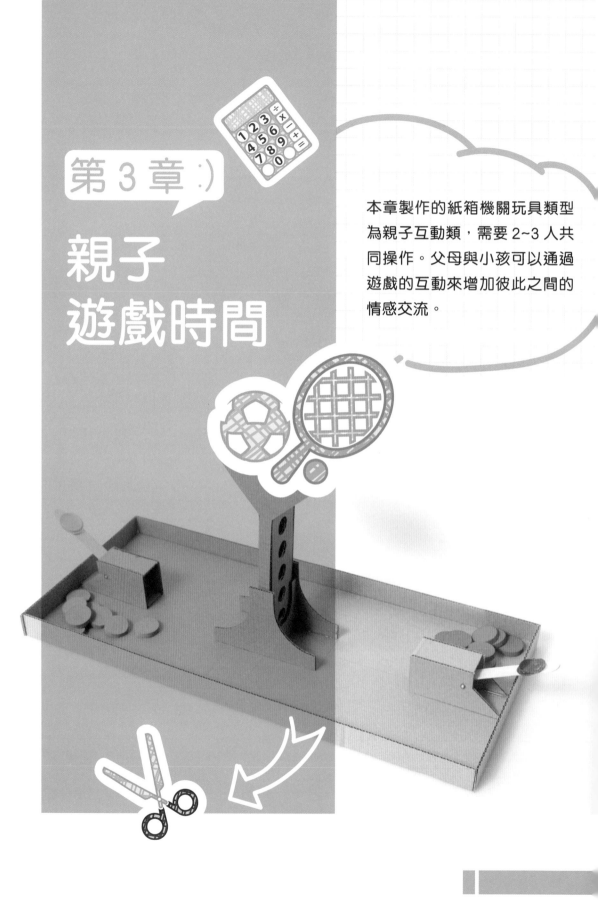

第 3 章 :)

親子
遊戲時間

本章製作的紙箱機關玩具類型為親子互動類，需要 2~3 人共同操作。父母與小孩可以通過遊戲的互動來增加彼此之間的情感交流。

3.1 障礙賽——護送彈珠

不僅要互相協作還要保持平衡

雙方對戰開始!

1 準備

2 到出發點,拉緊繩索

3 小心移動

4 慢慢走……

5 到終點……

6 勝利!

護送彈珠紙箱機關玩具原理解釋

　　護送彈珠紙箱機關玩具的原理是三方相互的平衡力。將彈珠放入運輸容器內，從中心位置出發，沿着運輸桌台的運行路線，成功將彈珠護送到終點。

紙皮部件構造圖

※ 各零部件的圖示比例不等於平面圖的實際比例。

※ 此處的零部件平面圖為紙皮的平面圖，其他材料請看後面每部分的「準備」板塊。

※ 3 個厚度 0.3 cm 的圓形紙皮疊加，組合成 1 個厚度約為 1 cm 的中空圓環。

運輸桌台

◆運輸桌台的正面與底部面板：

×2

29.8 cm　29.8 cm

29.8 cm

◆包圍運輸桌台三邊的紙皮：

×2

5 cm

45 cm

運輸容器

◆運輸容器：

$r_1=1$ cm, $r_2=1.5$ cm

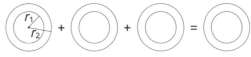

1 cm

9 cm

接球筐

◆接球筐：

$r=1.5$ cm

1 cm

工具

1. 剪刀
2. 細錐
3. 圓規
4. 鉛芯筆
5. 剝刀
6. 強力膠水
7. 熱熔膠槍
8. 小三角尺
9. 間尺
10. 切割板

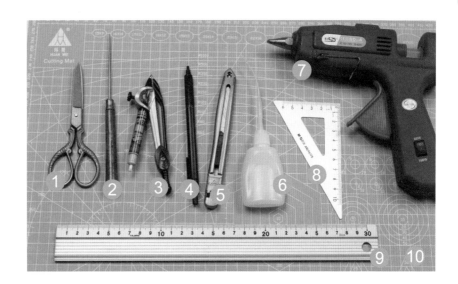

製作

製作運輸桌台

準備

（1）運輸桌台的正面與底部面板
準備 2 塊邊長為 29.8 cm 的等邊三角形紙皮作為運輸桌台的面板。

（2）包圍運輸桌台三邊的紙皮
準備 2 塊寬 5 cm、總長約 90 cm 的長條紙皮。注意此部分使用的每塊紙皮的長不小於 29.8 cm 總長度不小於 90 cm（能將等邊三角形面板包住）。

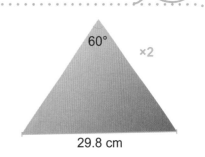

60°   ×2

29.8 cm

5 cm

正面

底面

START

開始！

1　取出2塊準備好的邊長為29.8 cm的等邊三角形紙皮，在其中1塊紙皮上裁切一些圓形孔洞後作為玩具的正面面板；接着再取出準備好的2塊總長約90 cm的長條紙皮。

製作小貼士！

關於運輸桌台正面面板的孔洞設置：

（1）面板上圓形孔洞的尺寸要根據玩具配置的彈珠尺寸來定，洞口尺寸不能小於彈珠的尺寸。

（2）注意面板上孔洞的分布，孔洞間距要適中。

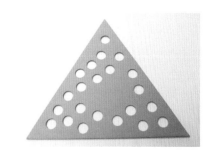

關於包圍運輸桌台 3 邊的紙皮：

（1）在 1 塊紙皮的 29.8 cm 處劃出一道寬約 3mm 的凹痕，便於後面將長條黏到三角形面板上。（凹痕剛好在等腰三角形的頂點）

（2）在紙皮上距長邊邊緣 1.5 cm 處畫一條黏貼三角形面板的水平線。

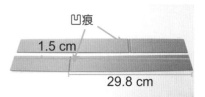

怎樣確定包圍等邊三角形運輸桌台面板的長條紙皮的數量？

包裹等邊三角形運輸桌台面板的長條紙皮數量取決於一塊長條紙皮的長度。如果一塊長條紙皮的長度大於三角形的周長，就只需準備一塊，長度不夠可準備兩塊。

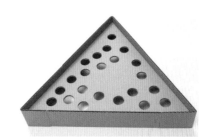

2 用熱熔膠槍在有孔洞的1塊面板邊緣擠膠，將長條紙皮沿着有孔洞的三角形面板黏貼。

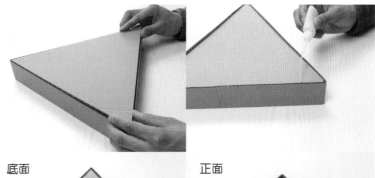

底面　　　　　　　　正面

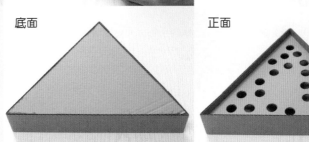

3 取出準備好的運輸台桌面的底部面板,將其固定在玩具的底面,再用強力膠水固定。

溫故而知新!

(1) 當包裹等邊三角形紙皮的長條紙皮處於三角形紙皮的頂點時,要用剒刀將此處的紙皮劃出凹痕,使其變薄,避免紙皮太厚影響整體製作。

(2) 注意等邊三角形面板上的孔洞大小設計,並合理安排洞口的分布。

• 頂點

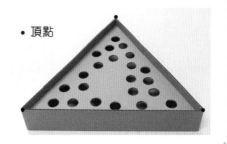

製作運輸工具

準備

(1) 牽引繩的通道

準備 1 根飲管,用作牽引繩索的通道。

(2) 運輸容器

準備 3 個 r=1.5 cm 的圓形紙皮,準備 1 塊長 9 cm、寬 1 cm 的牛皮紙條。

 ×3

9 cm
1 cm

(3) 牽引繩

準備 3 根長 35 cm 的普通紅繩(顏色也可自選),3 個 3 cm 左右的小木棒。

3 cm

(4) 遊戲道具

準備 1 顆直徑為 1.6 cm 的彈珠。

START 開始！

4 用錐子在包裹運輸桌台的紙皮上的任意一個角處，由內向外鑽一個孔(孔的大小以能卡緊飲管為準)。（注：孔的位置在角的中間。）

5 將準備好的飲管插入上一步鑽好的孔中，並用強力膠水固定。

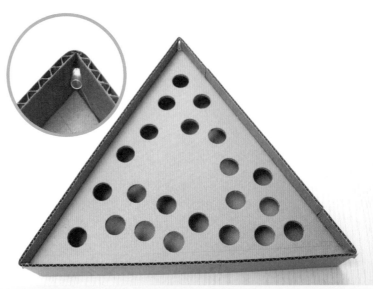

6 用剝刀把飲管外部多餘部分切斷，剩餘兩個角用同樣的方法插入兩根飲管並切斷飲管外部多餘部分。

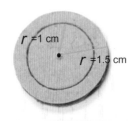

$r = 1 \text{ cm}$

$r = 1.5 \text{ cm}$

7 取出準備好的圓形紙皮，用圓規分別取半徑為1 cm、1.5 cm在紙皮上畫出同心圓，再用剝刀沿着內圓的輪廓線切開，製作出3個圓環。

8 用熱熔膠槍在圓環上依次擠膠，把3個圓環層層重疊對齊黏好，做出一個運輸容器（圓環）。

9 cm

1 cm

9 取出準備好的長9cm、寬1cm的牛皮紙條，然後在黏好的圓環外部擠膠，將牛皮紙條對齊圓環外部，繞圓環黏一圈。

三個方向都要鑽孔

10 在運輸容器的外部鑽3個孔，使3個孔將圓環分為3等份（孔不宜過大，能穿進去繩子就行）。

注意紅繩長 35 cm

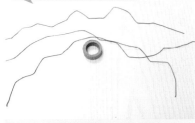  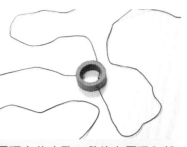

11 取出準備好的3根長35 cm的普通紅繩，分別由外向內穿過圓環上的小孔，然後在圓環內部打結固定（可打兩次結或者用膠水固定，以防繩子被拉出）。

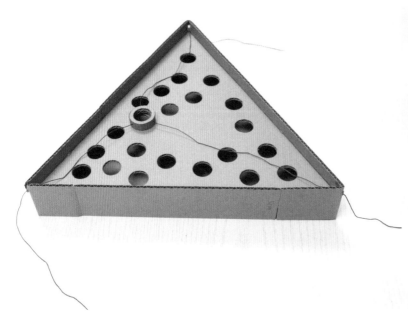

12 把3根繩子的另一端，分別由內向外穿過運輸桌台3個角上的飲管。

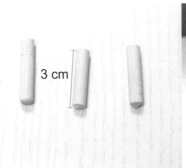
3 cm

13 準備3根長3 cm的木棒，將從飲管中穿出的每根繩子的末端繫上小木棒，避免繩子被扯進運輸桌台。

溫故而知新！

（1）在運輸桌台的3個拐角，要插入1根長度適中的飲管，作為牽引繩的通道，同時便於操作玩具。

（2）護送彈珠的容器是一個內圓半徑為1 cm、外圓半徑為1.5 cm的同心圓環。

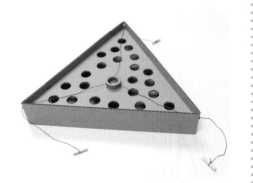

製作接球筐

準備 1 塊 r =1.5 cm 的異形紙皮；準備 1 塊帶齒輪的紙皮，其長度為異形紙皮的周長。

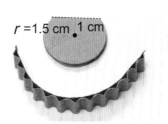

r =1.5 cm   1 cm

開始！

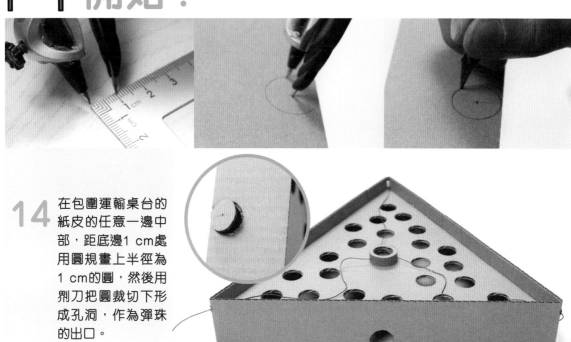

14 在包圍運輸桌台的紙皮的任意一邊中部，距底邊 1 cm 處用圓規畫上半徑為 1 cm 的圓，然後用剶刀把圓裁切下形成孔洞，作為彈珠的出口。

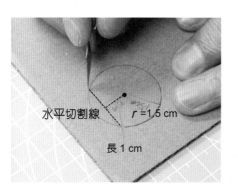

水平切割線 r =1.5 cm

長 1 cm

15 取出準備好的異形紙皮。

16 在異形紙皮的圓邊用熱熔膠槍擠膠，然後黏上帶有齒輪的紙皮，接球筐就做好了。

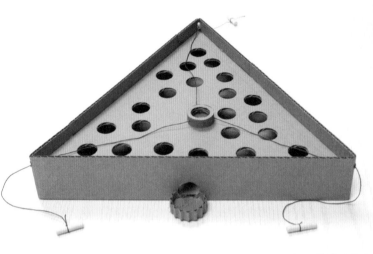

17 在異形紙皮的直線邊上擠膠，將其黏到彈珠出口靠下的位置。至此，護送彈珠紙箱機關玩具就製作完成了。

溫故而知新！

(1) 運輸桌台上的障礙孔洞以及出洞口的具體尺寸設置，要參考彈珠的尺寸。

(2) 運輸桌台上孔洞的分布要合理，既要有通過難度較大的區域，又要有能夠輕易通過的區域。

(3) 對於包圍運輸桌台三邊的紙皮，將其黏貼到運輸桌台頂角處時，可用剞刀將紙皮劃出凹痕，便於彎折。

3.2 障礙賽──隧道對戰

對準隧道洞口發射吧！！！

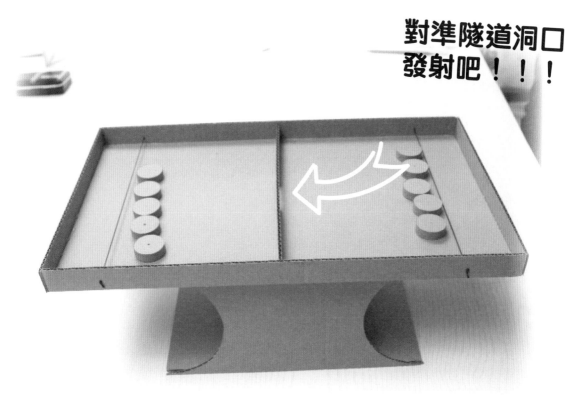

雙方對戰開始！

1 準備

2 開始彈射

3 咻……

4
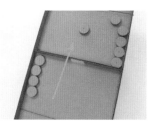

5
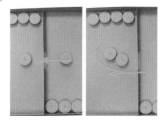

6 勝利！！！
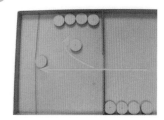

隧道對戰紙箱機關玩具原理解釋

　　隧道對戰紙箱機關玩具主要利用彈力進行設計。在對戰桌台中間設置一塊帶有孔洞的擋板將桌面一分為二，再在桌台兩端各綁一條繃緊的彈力繩，利用彈力繩將對戰鈕從擋板中間的孔洞彈射至對方桌面，對戰鈕率先全部打入對方桌面即獲勝。

紙皮部件構造圖

※ 各零部件的圖示比例不等於平面圖的實際比例。

※ 此處的零部件平面圖為紙皮的平面圖，其他材料請看後面每部分的「準備」板塊。

※ 3 個半徑 =1.5 cm、厚度為 0.3 cm 的圓形紙皮疊加，組合成 1 個厚度約為 1 cm 的對戰鈕。

桌台

◆桌台底板：
25 cm
43 cm

◆桌台四周的擋板：
2.5 cm ×2
43 cm
2.5 cm ×2
26.5 cm

◆桌台中間的擋板：
2.5 cm
25 cm

底座

◆底座底板：
27 cm
22 cm

◆兩側的擋板：
×2
27 cm
13.5 cm

◆支撐板：
13 cm
22 cm

對戰鈕

◆對戰鈕：
r =1.5 cm
×30

1 cm
9.5 cm

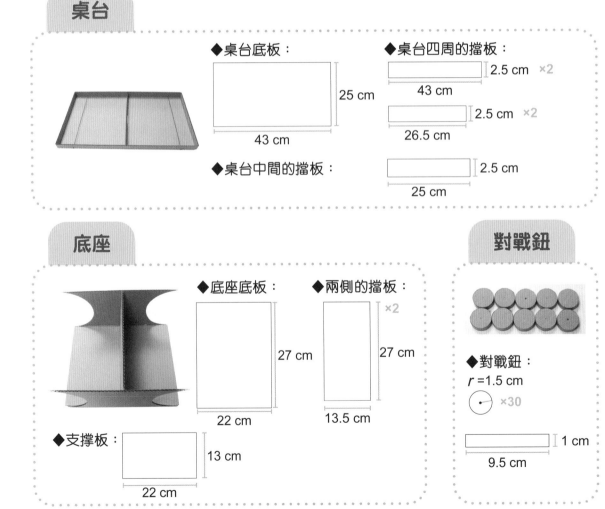

工具

1. 剅刀
2. 鉛芯筆
3. 圓規
4. 細錐
5. 熱熔膠槍
6. 小三角尺
7. 間尺
8. 切割板

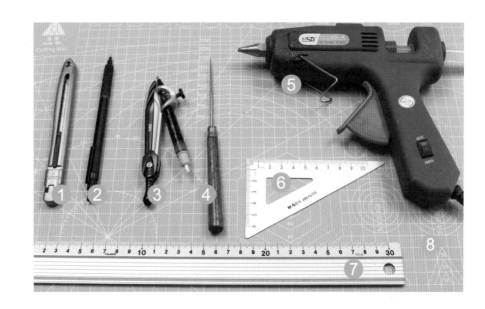

製作

製作桌台

準備

（1）桌台面板

準備 1 塊長 43 cm、寬 25 cm 的紙皮做底板；準備 2 塊長 43 cm、寬 2.5 cm 的長條紙皮和 2 塊長 25.6 cm、寬 2.5 cm 的長條紙皮做桌台四周的擋板；準備 1 塊長 2 cm、寬 25 cm 的長條紙皮，並在長條紙皮的中間靠近底側畫一個長 4 cm、寬 1.3 cm 的矩形做洞孔（隧道）。

（2）對戰鈕彈射繩

準備 2 根長 30 cm~35 cm 的彈力繩。

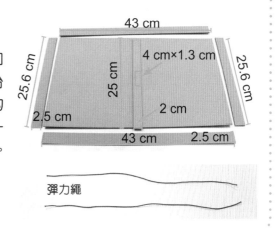

彈力繩

START 開始！

1 取出長43 cm、寬25 cm的紙皮，並在長邊邊緣擠膠；再取出1塊長43 cm、寬2.5 cm的長條紙皮，將長條紙皮對準底板的邊緣進行黏貼。

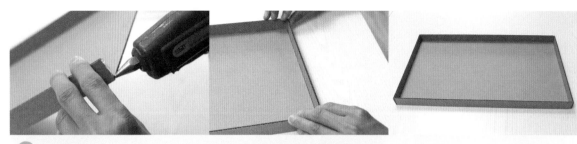

2　以同樣的方法，將另外3塊長條紙皮一一對應黏貼到底板上。

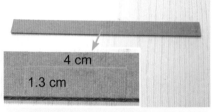

4 cm

1.3 cm

3　取出長25 cm、寬2 cm且中間畫有矩形標記的長條紙皮。

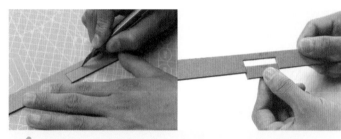

4　用剞刀沿着矩形標記進行裁切，並取出矩形紙皮。

在有缺口的一側擠膠

沿底面中線黏貼

5　在矩形紙皮有缺口的那一側用熱熔膠槍擠膠，然後將其對準底板的中線進行黏貼。

5 cm　1.5 cm

鑽孔

6　在桌台中間的擋板的邊緣分別畫長5 cm的橫線和長1.5 cm的豎線，這兩條線互相垂直，然後用細錐在這兩條線交點處鑽孔。以同樣的方法，在桌台四周的兩塊較長紙皮的左右都鑽上小孔。

製作小貼士！

　　製作隧道孔洞時，要注意孔洞大小，確保對戰鈕能夠正常通過，可以適當調整隧道孔洞的大小來改變遊戲的難易程度，擴大孔洞會降低難度，縮小孔洞會增大難度。

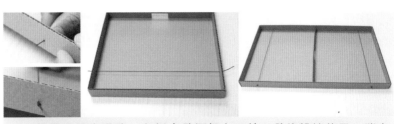

7 取出準備好的2根彈力繩。

8 將彈力繩穿過孔，在紙皮外側打上死結，然後將線的另一端穿過對面的孔，同樣在外側打上死結。同理，把另一根彈力繩綁在桌台的另一端。

溫故而知新！

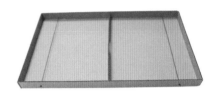

(1) 應在桌台中間的擋板的中間位置、靠近底部的區域裁切一個矩形，矩形長 4 cm、寬 1.3 cm。
(2) 將桌台中間的擋板黏貼到底板上時，必須沿着底板的中線黏貼。
(3) 桌台兩端的彈力繩在捆綁時要繃緊，以增加彈力。

製作底座

準備

底座面板

準備 1 塊長 27 cm、寬 22 cm 的紙皮，作為底座底板；準備 2 塊長 27 cm、寬 13.5 cm 的紙皮，作為兩側的擋板；準備 1 塊長 22 cm、寬 13 cm 的紙皮，作為底座中間的支撐板。

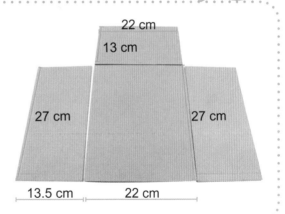

22 cm
13 cm
27 cm
27 cm
13.5 cm 22 cm

START 開始！

9 取出長27 cm、寬13.5 cm的紙皮，以紙皮的寬（13.5 cm）為直徑，寬邊中點為圓心畫半圓。紙皮兩端都要畫半圓。

畫半圓

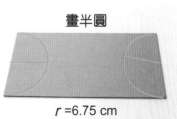

r =6.75 cm

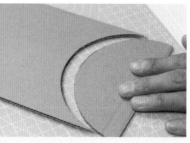

10 在矩形紙皮有缺口的那一側用熱熔膠槍擠膠，然後將其對準底板的中線進行黏貼。

底板

支撐板

豎向中線

11 取出準備好的底座底板和支撐板。

12 在支撐板的長邊邊緣擠膠，然後對準底座底板的寬邊中線黏貼。

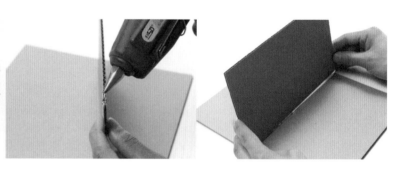

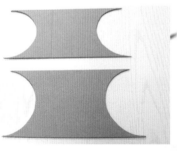
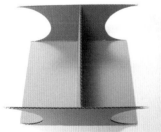
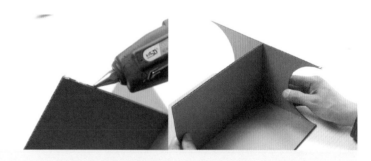

13 在黏貼好的支撐板側面邊緣擠膠，把前面做好的兩側的擋板對準底座底板邊緣黏貼。至此，隧道對戰紙箱機關玩具的底座製作完成。

組裝隧道對戰紙箱機關玩具的操作台並製作對戰鈕 準備

對戰鈕製作

準備 3 塊半徑為 1.5 cm 的圓形紙皮和 1 塊長 9.5 cm、寬 1 cm 的長條紙皮。（說明：3 塊圓形紙皮和 1 塊長條紙皮為製作 1 個對戰鈕的材料。）

對戰鈕製作說明：案例中一共製作了 10 個對戰鈕，對戰雙方各 5 個（對戰鈕的具體個數視個人喜好而定），所以以上的材料需要準備 10 份。

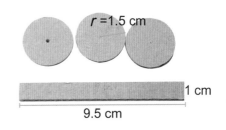

 開始！

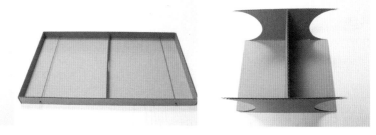

14 取出做好的桌台和底座。

15 在底座的頂面擠膠，將桌台中間的擋板對齊支撐板黏貼，確保做好的遊戲台是對稱的。

16 取出準備好的長9.5 cm、寬1 cm的長條紙皮，沿着邊緣撕開，保留平滑的薄紙片。

17 取出準備好的3個半徑為1.5 cm的圓形紙皮，用熱熔膠將它們重疊黏貼到一起。

18 在黏貼好的3層紙皮邊緣擠膠，取出步驟16做好的薄紙片，圍繞圓形紙皮邊緣黏貼，黏貼時注意對齊。

19 以步驟17、步驟18的方法，製作出10個對戰鈕。至此，隧道對戰紙箱機關玩具製作完成。

溫故而知新！

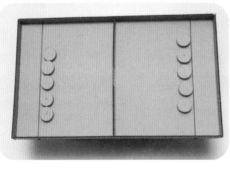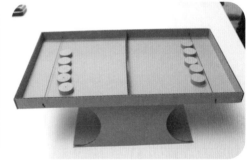

（1）組裝玩具時，桌台中間的擋板必須對齊支撐板黏貼，這樣才能保證玩具整體對稱，顯得比較美觀。

（2）撕開長9.5 cm、寬1 cm的長條紙皮時，只需要保留平滑的薄紙片。

（3）用平滑的薄紙片包裹對戰鈕時，注意將薄紙片對齊對戰鈕的側面邊緣，這樣做出來的對戰鈕才好看。

一定要把球
投進籃筐

投籃比賽開始啦！

1 準備

2 放手

3

4 咕嚕咕嚕……

5

6

投籃比賽紙箱機關玩具原理解釋

投籃比賽紙箱機關玩具主要利用彈力進行設計。在製作的彈力發球器裝置頂端設置一個放球容器,且發球裝置是活動的,可以 360° 旋轉將小球投入不同方向的球筐中。投籃時,將發球器對準投球筐,向下按壓發球器上的彈力杠杆,這樣小球就會呈拋物線投入投球筐中。

 ▶  ▶

紙皮部件構造圖

※ 各零部件的圖示比例不等於平面圖的實際比例。

※ 此處的零部件平面圖為紙皮的平面圖,其他材料請看後面每部分的「準備」板塊。

籃球筐主體箱

◆帶孔洞的進球筐面板:

1 cm　2 cm　3 cm　r =2.5 cm　30 cm　25 cm

◆小球運行軌道兩側的擋板:

5 cm　42 cm
5 cm　41 cm
5 cm　28 cm

◆籃球筐主體箱的底板:

52.5 cm　25 cm

◆籃球筐主體箱的側面擋板:

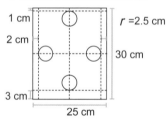

×2　18 cm　10 cm　11 cm　5.5 cm　41 cm

◆籃球筐主體箱後面的擋板:

26.5 cm　25.7 cm

◆進球面板下方軌道的出口擋板:

5 cm　25.7 cm

◆籃球筐後面的籃球板:

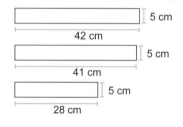

7 cm　8 cm　4 cm　2 cm　6 cm　2 cm　6 cm　2 cm

◆進球面板的前方擋板:

3.5 cm　25 cm

◆籃球筐主體箱上放球區的三面擋板:

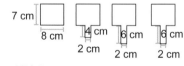

3.5 cm　25 cm

發球器與剩餘小零件

◆發球器上、下、左、右面的面板：

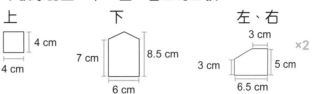

上　　　　下　　　　　　　　左、右

4 cm
4 cm

7 cm　8.5 cm
6 cm

3 cm
3 cm　5 cm　×2
6.5 cm

◆固定發球器的零件與底部支架：

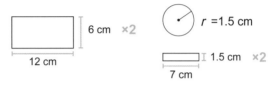

6 cm　×2
12 cm

r =1.5 cm

1.5 cm　×2
7 cm

工具

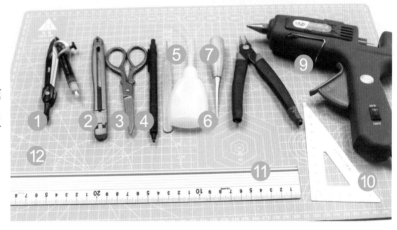

① 圓規　　　⑦ 錐子
② 剁刀　　　⑧ 如意剪
③ 剪刀　　　⑨ 熱熔膠槍
④ 鉛芯筆　　⑩ 小三角尺
⑤ 鑷子　　　⑪ 間尺
⑥ 強力膠水　⑫ 切割板

製作

製作籃球筐主體箱

準備

（1）進球筐面板
準備 1 塊長 30m、寬 25 cm，帶有 4 個半徑 2.5 cm 的圓形孔洞的紙皮，作為進球筐面板。

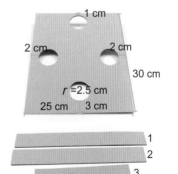

1 cm
2 cm　　2 cm
30 cm
r =2.5 cm
25 cm　3 cm

（2）小球運行軌道兩側擋板
準備 3 塊紙皮，尺寸分別為：1 號長 42 cm、寬 5 cm，2 號長 41 cm、寬 5 cm，3 號長 28 cm、寬 5 cm。

1
2
3

（3）籃球筐主體箱的底板
準備 1 塊長 52.5 cm、寬 25 cm 的紙皮。

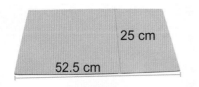

（4）籃球筐主體箱的側面擋板
準備 2 塊異形紙皮，紙皮尺寸按圖示。

（5）籃球筐主體箱後面的擋板
準備 1 塊長 26.5 cm、寬 25.7 cm 的紙皮。

（6）進球面板下方軌道的出口擋板
準備 1 塊長 27.5 cm、寬 5 cm 的紙皮。

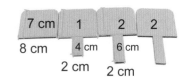

（7）籃球筐後面的籃球板
準備 1 塊長 8 cm、寬 7 cm 的紙皮，在此基礎上再準備 3 塊異形紙皮，異形紙皮的具體尺寸按圖示標號分為兩種。籃球板 1：面板長 8 cm、寬 7 cm，支架長 4 cm、寬 2 cm。籃球板 2：面板長 8 cm、寬 7 cm，支架長 6 cm、寬 2 cm。

（8）進球面板的前方擋板
準備 1 塊長 25 cm、寬 3.5 cm 的紙皮。

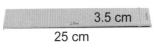

（9）籃球筐主體箱上放球區的三面擋板
準備 1 塊長 49 cm、寬 5 cm 的紙皮。

START 開始！

1　取出準備好的長 30 cm、寬 25 cm 的紙皮，分別在距兩條長邊中點 4.5 cm 處定位 2 個點，分別在距兩條寬邊中點 3.5 cm 和 5.5 cm 處定位 2 個點。以上述定位的 4 個點為圓心，畫半徑為 2.5 cm 的 4 個圓形。用剞刀將畫好的 4 個圓裁切後取出。

2 取出準備好的3塊用於製作小球運行軌道兩側擋板的紙皮，用剝刀分別在3塊紙皮上淺刻，使紙皮能彎曲。

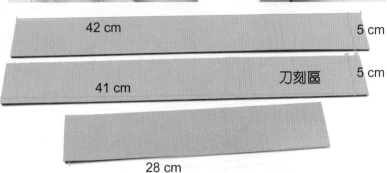

42 cm

5 cm

41 cm

刀刻區

5 cm

28 cm

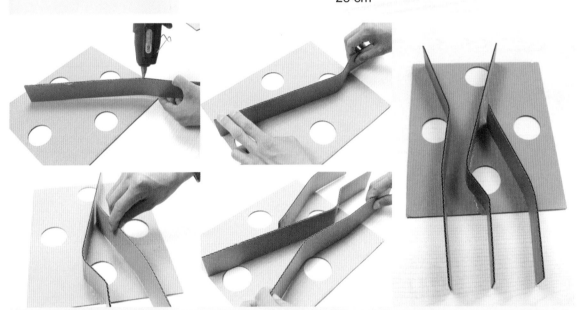

3 把淺刻後的3塊長條紙皮分別黏貼在進球面板的背面，把4個孔洞隔開，做出小球被投進不同球筐後的運動軌道。

製作小貼士！

（1）進球面板上的4個圓形孔洞，要距離面板邊緣的1 cm~3 cm。

（2）規劃設置小球入洞後的運行軌道時，先將進球面板的底邊均分成4部分，作為軌道的終點，再按個人喜好設置路線。軌道路線設置說明：盡量設置得曲折一點，以增加遊戲樂趣。

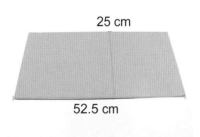

25 cm

52.5 cm

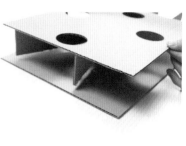

4 取出準備好的長52.5 cm、寬25 cm的紙皮，用熱熔膠槍在上一步製作的小球運動軌道紙皮的側邊擠膠，按對應的紙皮邊長黏在底殼上。（注：上下兩塊紙皮黏貼時要對齊，避免錯位。）

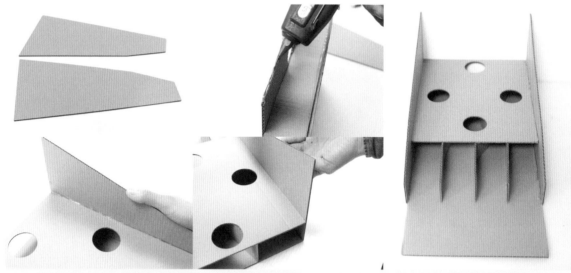

5 取出製作好的2塊作為籃球筐的主體箱側面擋板，給側面擋板擠膠，將其對齊進球筐面板的頂端黏貼在籃球筐主體箱的兩側。

26.5 cm

25.7 cm

$r =5$ cm

$r =5$ cm

6 取出準備好的長26.5 cm，寬25.7cm的紙皮，定位到距長邊，寬邊分別為5 cm的點，以此為圓心畫一個半徑為5 cm的圓。用剞刀將1/4圓外的矩形邊角裁切後取出。

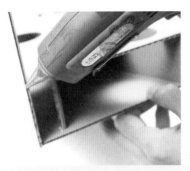
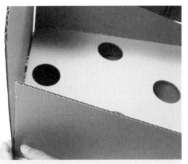

7 用熱熔膠槍在做好的籃球筐主體箱的頂部擠膠，將上一步製作的紙皮以直角邊向下對齊的方式黏貼。

5 cm

25.7 cm

8 取出準備好的長25.7 cm、寬5 cm的紙皮，將其黏貼到用熱熔膠槍擠膠後的進球筐底端的5塊長條紙皮的寬邊。

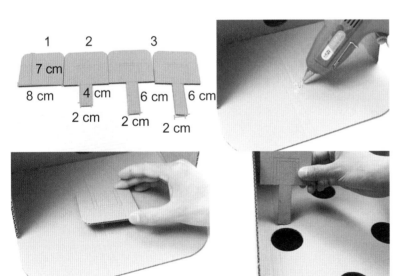

1   2   3

7 cm

8 cm   4 cm   6 cm   6 cm

2 cm   2 cm   2 cm

9 取出準備好的4塊籃球板。先將1號籃球板黏貼到擋板上（最後一個球洞上方），接着將2號籃球板黏貼到最前面的球洞後，最後將剩餘的兩塊3號籃球板分別黏在籃球筐面板中間的兩個球洞後面。

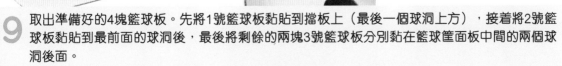

10 用剟刀在紙杯上割出交錯的正方形孔洞，然後再用剟刀在距紙杯底部1 cm處裁掉杯底，作為投籃筐。

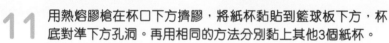

11 用熱熔膠槍在杯口下方擠膠，將紙杯黏貼到籃球板下方，杯底對準下方孔洞。再用相同的方法分別黏上其他3個紙杯。

製作小貼士！

（1）球筐的分布有前有後，因此球筐的高度要有變化，遵循相應的透視關係。

（2）進球面板上孔洞大小的設置，要參考選用的球筐材料的實際大小。

3.5 cm
25 cm

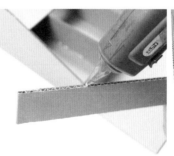

12 準備1塊長25 cm、寬3.5 cm的長條紙皮，用熱熔膠槍擠膠後黏貼在進球面板靠前的邊緣處。

13 準備1塊長49 cm、寬5 cm的長條紙皮,在紙皮距離寬邊約11 cm處用剞刀輕刻兩條線(刻痕寬度0.5 cm~1 cm)。(注:不要切透,能順利折起就行。)

14 用熱熔膠槍在長條紙板的任意一條長邊擠膠,將長條紙皮黏貼在籃球筐主體箱的底部,作為放球區。

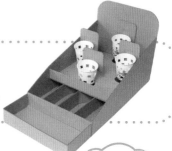

溫故而知新!

(1)合理設置籃球筐進球面板上的進球孔洞。
(2)黏貼放球區時,在轉折位置要用刀輕輕劃破,利於彎折紙皮。

製作發球器

準備

(1)發球器上、下、左、右面的面板

準備1塊正方形紙皮作為發球器的頂部(上)面板,準備1塊異形紙皮作為發球器的底部(下)面板,準備2塊相同的異形紙皮作為發球器左右兩側的面板。各面板的詳細尺寸如下圖所示。

（2）發球器上的其他零件

分別準備 1 根長 2.5 cm 的飲管，3 根竹籤，1 根長 15 cm、寬 1.7 cm 的雪條棒，1 根橡筋，1 個淺口塑膠蓋，1 截 3 cm 的木棒，如下圖所示。

（3）固定發球器的零件

分別準備 2 塊長 12 cm、寬 6 cm 的矩形紙皮，1 塊 r =1.5 cm 的圓形紙皮。

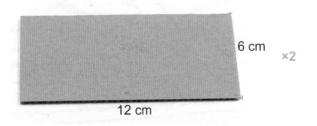

6 cm

×2

12 cm

r =1.5 cm

（4）底部支架

準備 2 塊長 7 cm、寬 1.5 cm 的紙皮。

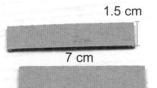

1.5 cm

7 cm

（5）遊戲道具

準備 5 顆直徑為 2.7 cm 的乒乓球。

START　開始！

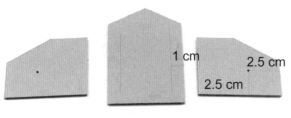

1 cm

2.5 cm

2.5 cm

15 取出準備好的發球器左右兩側面板和底（下）板，在左右面板上鑽孔。把 2 塊帶孔的異形紙皮分別在離底板兩側 1 cm 靠下的位置黏在底板上。（注：帶孔一端與底板的尖角方向保持一致。）

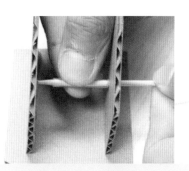

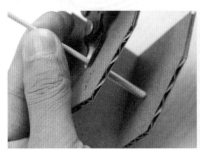

16 取出準備好的長2.5 cm的飲管、1根竹籤（飲管的粗細以竹籤穿進去能順利轉動為好）。把竹籤穿進發球器兩側面板中的任意一側的孔內，在竹籤上套入飲管，再把竹籤穿過另一側孔，在竹籤根部和紙皮連接處用強力膠水黏牢。最後用如意剪剪掉多餘竹籤，並用強力膠水黏牢。

17 取出2根準備好的長度相同的竹籤，插進發球器兩側面板底部的紙板瓦楞裏，穿出的竹籤要對齊發球器底板斜邊的邊緣，穿入的部分用強力膠水固定。

18 取出準備好的長15 cm、寬1.7 cm的雪條棒，先用熱熔膠槍在飲管上擠膠，再將雪條棒對齊底板固定在飲管上。（注:手扶的姿勢要多保持一會兒，待熱熔膠乾透凝固。）

19 取出準備好的橡筋，將其套在雪條棒和插入發球器兩側面板的竹籤上。

20 取出邊長為4 cm的正方形紙皮，將其黏貼在發球器兩側擋板的斜邊上。

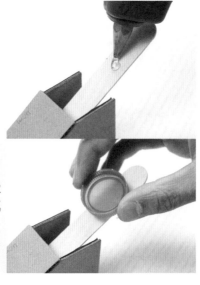

21 在距離雪條棒後端約2 cm的位置黏上塑膠瓶蓋，作為發球容器。

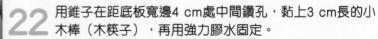

22 用錐子在距底板寬邊4 cm處中間鑽孔，黏上3 cm長的小木棒（木筷子），再用強力膠水固定。

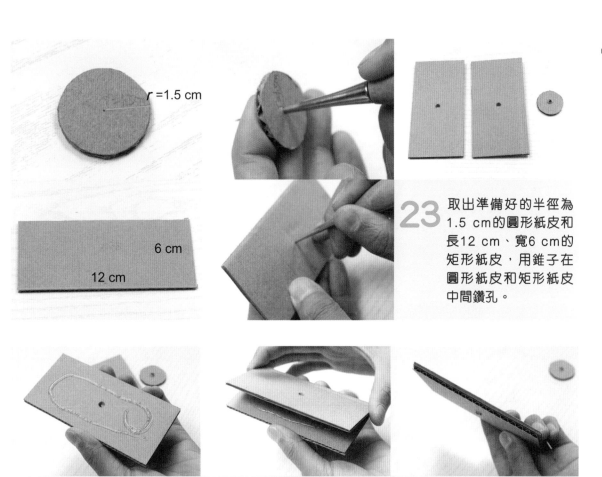

23 取出準備好的半徑為 1.5 cm的圓形紙皮和長12 cm、寬6 cm的矩形紙皮,用錐子在圓形紙皮和矩形紙皮中間鑽孔。

24 在矩形紙皮上用熱熔膠槍擠膠,將兩塊矩形紙皮對齊黏貼,增加固定發球器零件的牢固性。

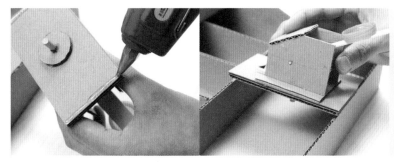

25 在步驟22黏貼的小木棒上,依次穿入黏好的矩形紙皮和圓形紙皮,把圓形紙皮和木棒接觸的地方用強力膠水黏牢,防止零件鬆動。

26 在矩形紙皮兩端用熱熔膠槍擠膠,將其黏貼到籃球筐放球區的中間位置。

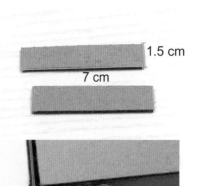

27 最後，取出準備好的2塊長7 cm、寬1.5 cm的長條紙皮，將長條紙皮平分折成垂直狀態，再擠上熱熔膠黏在籃球筐擋板底部的兩側，以增加玩具後側的高度。至此，投籃比賽紙箱機關玩具製作完成。

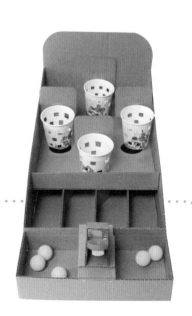

溫故而知新！

（1）塑膠瓶蓋應安裝在距雪條棒後端2 cm左右的位置。

（2）發球器裝置要安裝在玩具放球區的正中間。

（3）注意玩具操作箱的後方底部要高於前方，保證進球後，
　　　球能順利滾動到積分槽。

3.4 彈射賽──投幣對決

把幣投進接幣筐才是勝利

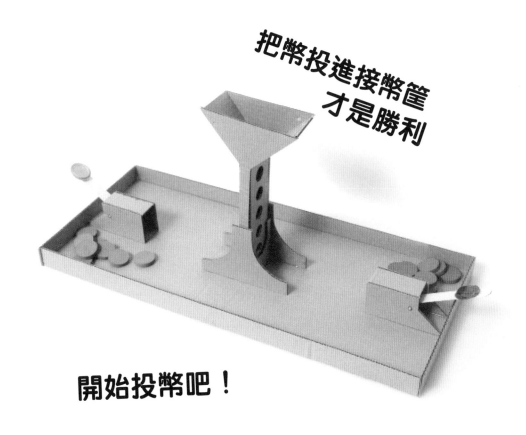

開始投幣吧！

1 雙方準備

2 放手！

3

4 入筐啦⋯⋯

5 進啦⋯⋯

6 勝利！！！

投幣對決紙箱機關玩具原理解釋

投幣對決紙箱機關玩具同樣是利用彈力進行設計的。在製作的彈射器裝置頂端設置一個盛幣容器，投籃時，將彈射器對準接幣筐，向下按壓彈射器上的彈力杠杆，這樣對戰鈕就呈拋物線進入接幣筐中。

紙皮部件構造圖

※ 各零部件的圖示比例不等於平面圖的實際比例。

※ 此處的零部件平面圖為紙皮的平面圖，其他材料請看後面每部分的「準備」板塊。

※ 2 個 r =1 cm、厚度為 0.3 cm 的圓形紙皮疊加，組合成 1 個厚度為 0.6 cm 的對戰鈕。

彈射器

◆彈射器的頂部與底部面板：

頂　　　　　底

3 cm　　　　3 cm

6 cm　　　　10.5 cm

◆彈射器左右兩側的異形面板：

5 cm

7 cm　　10.5 cm　　×2

2 cm

接幣筐

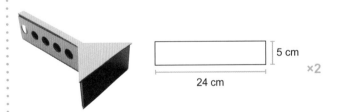

◆接幣筐通道的前後面板：

5 cm

24 cm　　×2

◆接幣筐通道的左右兩側擋板：

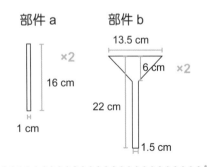

部件 a　　　　部件 b

×2

16 cm

13.5 cm

6 cm　×2

22 cm

1 cm

1.5 cm

◆接幣筐底座的左右兩側的擋板：

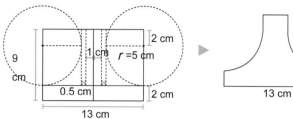

9 cm

$r = 5$ cm

2 cm

1 cm

0.5 cm

2 cm

13 cm

×2

2 cm

13 cm

◆接幣筐底座中間部分：

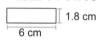

1.8 cm

6 cm

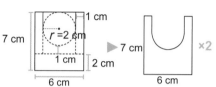

7 cm

$r = 2$ cm

1 cm

1 cm

2 cm

6 cm

▶ 7 cm

6 cm

×2

對戰桌面

◆對戰桌面面板：

24 cm

55 cm

◆對戰桌面四周的立面擋板：

3 cm ×2

55 cm

3 cm ×2

24.6 cm

對戰鈕

◆對戰鈕：

$r = 1.5$ cm

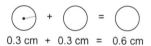

0.3 cm + 0.3 cm = 0.6 cm

0.6 cm

9.5 cm

工具

① 畫筆
② 剁刀
③ 如意剪
④ 紅、藍塑膠彩
⑤ 熱熔膠槍
⑥ 圓規
⑦ 鑷子
⑧ 剪刀
⑨ 鉛芯筆
⑩ 細錐
⑪ 強力膠水
⑫ 小三角尺
⑬ 間尺
⑭ 切割板

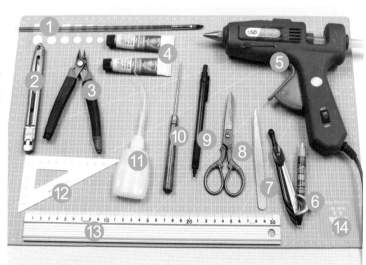

製作彈射器

準備

(1) 彈射器的頂部與底部面板

準備 1 塊長 6 cm、寬 3 cm 的紙皮作為彈射器的頂部面板，準備 1 塊長 10.5 cm、寬 3 cm 的紙皮作為彈射器的底部面板。

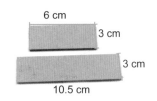

6 cm
3 cm
3 cm
10.5 cm

(2) 投彈射器左右兩側的異形面板

準備 2 塊相同的異形面板，各邊尺寸按圖示。

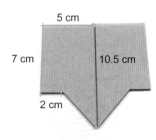

5 cm
7 cm
10.5 cm
2 cm

(3) 彈射器上的其他零件

分別準備 2 根長 15 cm、寬 1.7 cm 的雪條棒，1 根飲管，1 根竹籤，1 根橡筋，2 個淺口塑膠蓋（1 紅 1 藍）。（準備的飲管要能讓竹籤在裏面輕鬆轉動）

START 開始！

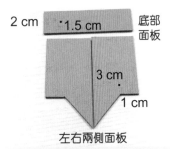

2 cm ·1.5 cm 底部面板
3 cm
1 cm
左右兩側面板

1 取出準備好的彈射器的底部面板與彈射器左右兩側的異形面板，再分別用細錐在紙皮上的圓點標記處鑽孔。

2 在投射器底部面板兩側擠膠，將2塊異形面板分別對齊貼到投射器底部面板的兩側。

3 取出準備好的長15 cm、寬1.7 cm的雪條棒。首先用剞刀把雪條棒的任意一端切去1.5 cm，再把切去的部分用強力膠水對齊黏到另一根雪條棒任意一端，形成一個凹槽，方便後期嵌入橡筋。

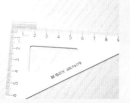
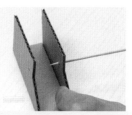

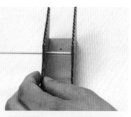

4 取出準備好的飲管，截取其中2 cm，把準備好的竹籤穿進製作好的彈射器任意一側面板的孔洞內，在竹籤上套入飲管，再把竹籤穿過另一側面板的孔洞。

5 在竹籤兩側用強力膠水固定，最後用如意剪剪去多餘的竹籤。

6 用鑷子將準備好的橡筋的一端穿過底板上的孔洞，再在底板背面的橡筋位置劃一道凹槽。在上一步剪去的竹籤中截取2 cm，將其穿過橡筋，從底板上面拉緊橡筋，讓竹籤嵌入雪條棒的凹槽內。

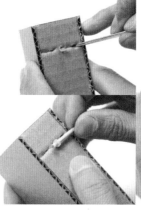

7 在飲管上擠膠，黏上準備好的雪條棒（黏有一截雪條棒的一側在上）。手扶雪條棒待膠凝固，把橡筋套在雪條棒上。（注:如果橡筋過長，可以打結縮短。）

8 取出準備好的長6 cm、寬3 cm的紙皮，插進兩側擋板之間，再用強力膠水固定。

9 取出藍色塑膠瓶蓋，用刷刀把瓶蓋的邊緣割掉。（此處操作需注意安全）

10 在雪條棒上黏上做好的瓶蓋，注意雪條棒的末端要留出1 cm左右的位置。用同樣的方法再製作一個紅色的彈射器。

製作接幣筐

準備

（1）接幣筐通道的前後面板
準備 2 塊長 24 cm、寬 5 cm 的紙皮。

5 cm
×2
24 cm

（2）接幣筐通道的左右兩側面板
準備 2 組如圖所示形狀的紙皮，其中 a 部件長
16 cm、寬 1 cm，b 部件按圖示。

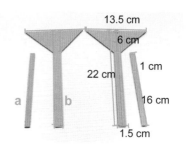

（3）接幣筐底座左右兩側擋板
準備 2 塊相同的異形紙皮，擋板
整體長 13 cm、寬 9 cm，其中細
節按圖中標注繪製。

（4）接幣筐底座中間部分
準備 1 塊長 6 cm、寬 1.8 cm 的
紙皮；準備 2 塊相同的異形紙皮，
紙板整體長 7 cm、寬 6 cm，其
中細型按圖中標注繪製。

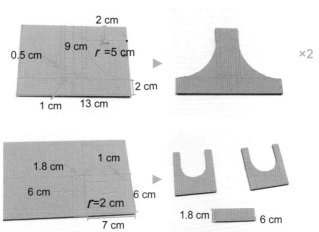

START 開始！

分界線

11 取出準備好的投幣通道的前後面板。以其中一塊面板的長邊16 cm處為分界線，在16 cm
內的區域中，以長邊中線位置為圓心，分別畫出5個r =1 cm，間距1 cm的圓。另外，畫出
的一組圓的圓周距分界線和紙皮邊緣的距離分別為0.5 cm、2.5 cm。

12 用剦刀裁出每個圓，用小三角尺在分界線處壓出凹痕。用以上方法製作出2塊相同的紙
板。

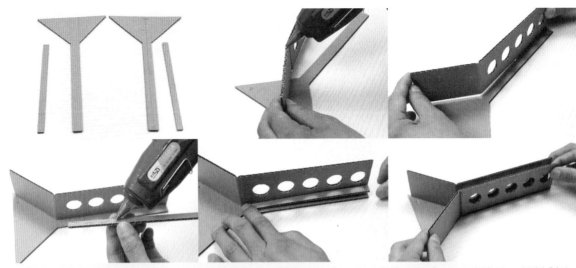

13 取出準備好的2個漏斗形狀的紙皮和2塊長條紙皮，在1塊帶洞紙皮的一側擠膠，將其對齊黏到漏斗狀紙皮上，然後在漏斗狀紙皮上黏上長條紙皮，以支撐該裝置。最後黏上另一塊帶洞紙皮。

製作小貼士！

在漏斗狀紙皮上黏貼長條紙皮的目的是甚麼？

因為紙皮的厚度只有0.3 cm，為避免時間一長接幣筐的紙皮出現彎曲，在漏斗狀的紙皮上再黏一塊紙皮，既能夠支撐對接幣筐，又可以避免紙皮傾斜，使對戰鈕的掉落。

14 把另一塊長條黏貼到帶洞紙皮的兩側，然後用熱熔膠槍擠膠黏上另一塊漏斗狀紙皮。

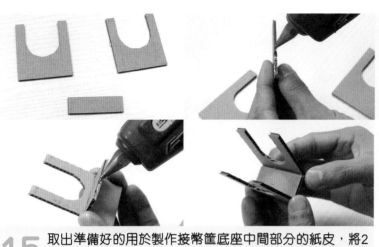

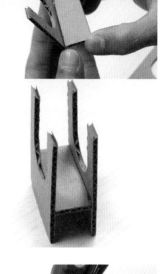

15 取出準備好的用於製作接幣筐底座中間部分的紙皮，將2塊異形紙皮分別黏貼到長條紙皮的長邊，做出接幣筐的底座。

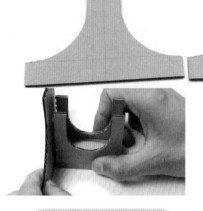

16 取出準備好的用於製作接幣筐左右兩側擋板的紙皮，用熱熔膠槍擠膠後分別將其黏貼到U形底座的兩側。

製作小貼士！

為保證接幣筐與底座的組合是活動的（圖3），即可隨意拆卸，所以接幣筐通道（圖1）的寬度要比底座（圖2）的寬度窄。圖1寬度為1.5 cm，圖2寬度為1.8 cm，它們之間有0.3 cm的寬度差距。

1.5 cm

圖1

1.8 cm

圖2

圖3

製作對戰桌面與對戰鈕

準備

（1）對戰桌面面板
準備 1 塊長 55 cm、寬 24 cm 的紙皮。

24 cm

55 cm

（2）對戰桌面四周的立面擋板

準備 2 塊長 55 cm、寬 3 cm 的長條紙皮，準備 2 塊長 24.6 cm、寬 3 cm 的長條紙皮。

（3）對戰鈕

準備若干 r =1.5 cm 的圓形紙皮，準備若干長 9.5 cm、寬 0.6 cm 的紙皮薄片。

對戰鈕製作說明：

① 一個對戰鈕由 2 塊厚度為 0.3 cm 的圓形紙皮重疊組成。

② 對戰鈕的具體數量由玩家自行決定，本書中製作了 16 枚對戰鈕，對戰雙方各 8 枚。

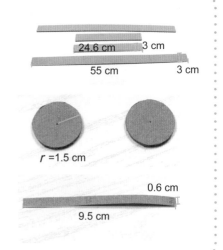

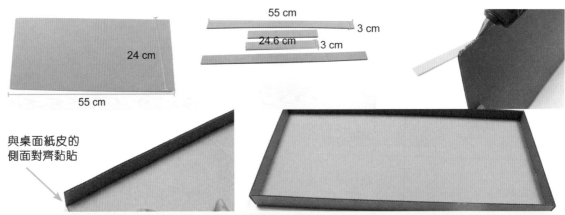

與桌面紙皮的側面對齊黏貼

17 分別取出1塊長55 cm、寬24 cm的紙皮，2塊長55 cm、寬3 cm和2塊長24.6 cm、寬3 cm的長條紙皮。用熱熔膠槍在紙皮四邊擠膠，接着分別黏上長55 cm和24.6 cm的長條紙皮作為擋板，做成對戰桌面。

製作小貼士！

在給桌面面板黏貼立面擋板時，要對齊桌面面板的側面黏貼，而不是將立面擋板黏在桌面面板上。因此，整個對戰桌面的長、寬都增加了0.6 cm。

18 在桌面面板的中間提前畫出接幣筐底座的安裝區，將接幣筐底座擠上膠後沿着畫好的安裝區線框對齊黏上。

19 將做好的彈射器擠上膠後分別對齊固定在桌面面板兩端的中間。

20 把做好的漏斗狀接幣筐插入底座裝置內。

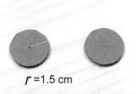

$r = 1.5$ cm

21 取出2塊半徑為1.5 cm的圓形紙皮，在其中1塊上用熱熔膠槍擠上膠，黏在另一塊上。

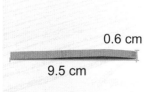

0.6 cm
9.5 cm

22 取出1條長9.5 cm、寬0.6 cm的紙皮薄片，在圓形紙皮的邊緣擠膠後黏上薄片，包裹住圓形紙皮，做成對戰鈕。（注：給對戰鈕包邊的時候，薄片一定要對齊。）

23 最後，用畫筆分別蘸取藍色、紅色的塑膠彩，給製作好的對戰鈕上色（案例中分別製作了藍、紅對戰鈕各8枚）。至此，投幣對決紙箱機關玩具製作完成。

溫故而知新！

（1）製作漏斗狀接幣筐時，要在漏斗狀紙皮內加一塊支撐板，以免接幣筐發生變形，影響遊戲體驗。

（2）彈射器與接幣筐要在同一水平線上。

（3）投彈射器的彈射材料是橡筋，操作玩具時力氣不能太大。

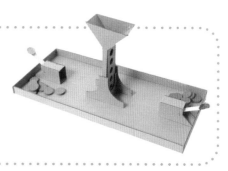

第4章:)

紙箱的
創趣生活

本章主題是「生活」,因此製作的紙箱機關玩具全部來自生活中經常用到的一些物品,包括飲水機、保險箱、微波爐、洗衣機。我們通過製作這些玩具,可以瞭解相關生活產品的工作原理,學習一些新知識;通過製作這些玩具,還可以培養自己的動手能力。

4.1 自製飲水機

快看……
出水啦！！！

1 準備

2 測試中……

3 擰開開關，出水啦……

飲水機原理解釋

　　本案例製作的飲水機是利用氣壓實現出水的。先將裝有清水的水瓶瓶蓋擰緊套在出水裝置的白色瓶蓋上，當出水裝置的出水開關處於擰緊狀態時，水瓶內部的壓力小於外界的大氣壓力，保證瓶內的水不會流淌出來；接水時，擰動飲水機右側的出水開關，此時空氣由出水開關進入瓶內，內部氣壓大於外部氣壓或與外部氣壓保持平衡，就會使瓶內的水通過插入瓶口的飲管流出。

紙皮部件構造圖

※ 各零部件的圖示比例不等於平面圖的實際比例。

※ 此處的零部件平面圖為紙皮的平面圖，其他材料請看後面每部分的「準備」板塊。

※ 飲水機開關的手柄的基礎形狀是梯形。

飲水機的出水裝置與外箱

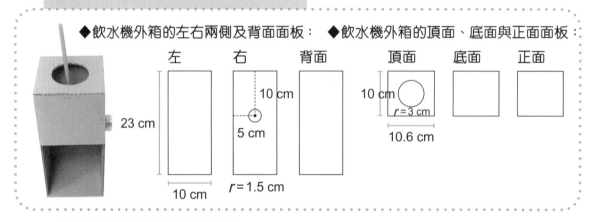

◆飲水機外箱的左右兩側及背面面板：　　左　　右　　背面

23 cm　　10 cm　　10 cm　　5 cm　　r = 1.5 cm

◆飲水機外箱的頂面、底面與正面面板：　　頂面　　底面　　正面

10 cm　　r = 3 cm　　10.6 cm

飲水機開關的手柄

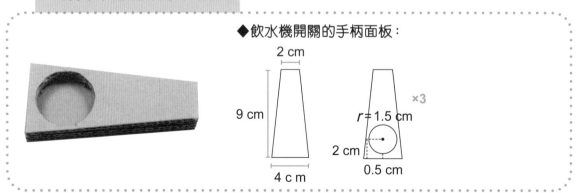

◆飲水機開關的手柄面板：

2 cm　　9 cm　　4 cm　　×3　　r = 1.5 cm　　2 cm　　0.5 cm

工具

1. 雙面膠紙
2. 圓規
3. 剁刀
4. 鉛芯筆
5. 剪刀
6. 熱熔膠槍
7. 間尺
8. 切割板

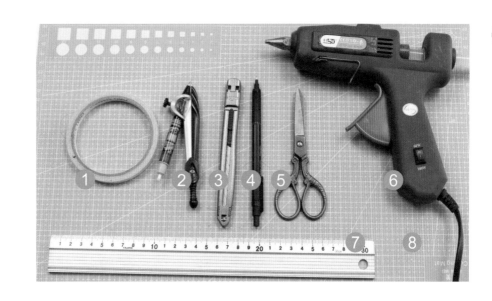

製作

製作飲水機的出水裝置

準備

（1）飲水機的出水裝置
準備 2 個塑膠空瓶、1 根可彎曲的飲管和 1 根不能彎曲的細飲管。

（2）飲水機接水容器
準備 1 個紙杯。

START 開始！

1 取出準備好的1個塑膠空瓶、1根可彎曲的飲管和1根不能彎曲的細飲管。

2 用剁刀將不能彎曲的細飲管截7 cm左右,再將能彎曲飲管的可伸縮部分折成L形。

3 取下塑膠空瓶上的瓶蓋,用熱熔膠槍的槍嘴燙出一個大洞和一個小洞,洞能插進粗飲管和細飲管就行,不宜過大。

4 把粗、細飲管各自插進瓶蓋上的孔洞,瓶蓋外面細飲管要比粗飲管稍高。用熱熔膠槍在瓶蓋內的飲管周圍擠膠。在起到密封作用的前提下,不要把熱熔膠擠到瓶蓋內圈外面,以防瓶蓋不能擰緊。

5 取出準備好的另一個塑膠空瓶,用剁刀沿瓶口下方1 cm處切開;再用剪刀把切開部位邊緣修剪平滑,防止剁手。

6 用熱熔膠槍沿瓶口內側一點一點地擠膠。擠一小部分後等待膠凝固，再在凝固的熱熔膠上擠膠，等待凝固。重複此動作，在瓶口預留一個可以插入粗飲管的孔洞的前提下擠滿膠。

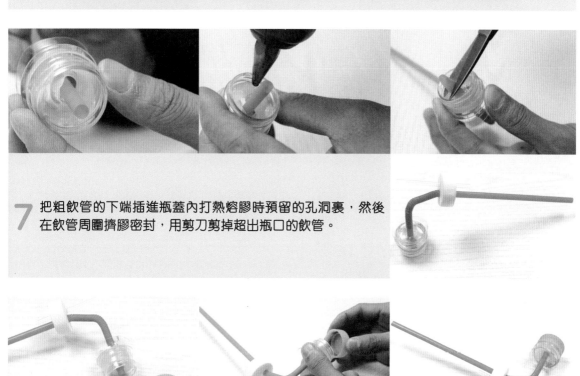

7 把粗飲管的下端插進瓶蓋內打熱熔膠時預留的孔洞裏，然後在飲管周圍擠膠密封，用剪刀剪掉超出瓶口的飲管。

8 擰上與瓶口對應的瓶蓋，測試瓶口是否變形。

溫故而知新！

在瓶蓋內飲管周圍擠膠時，不要把膠擠到瓶蓋內圈外面，以防瓶蓋不能擰緊，影響水瓶的密封性，從而導致飲水機製作失敗。

製作飲水機的外箱

（1）飲水機外箱的左右兩側及背面面板

準備 3 塊長 23 cm、寬 10 cm 的紙皮，用於製作飲水機的外箱。

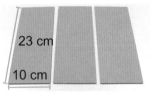

（2）飲水機外箱的頂面、底面與正面面板

準備 3 塊長 10.6 cm、寬 10 cm 的紙皮。

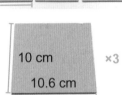

開始！

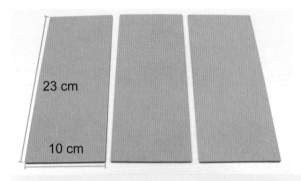

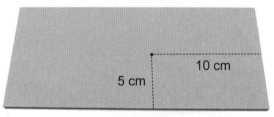

9 取出準備好的3塊長23 cm、寬10 cm的紙皮。取出任意一塊長10.6 cm，寬10 cm的紙皮，用於製作飲水機外箱的右側面板。在紙皮距寬邊邊緣10 cm、距長邊邊緣5 cm的交點處定點。

10 用瓶口以定點為圓心壓一個圓痕。

11 用剝刀沿着圓痕將圓形紙皮裁切出。

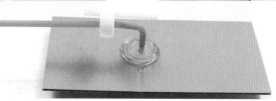

12 把安裝有飲管的瓶口由內向外穿進飲水機右側面板的孔洞，在紙皮內部瓶口的周圍擠膠固定。

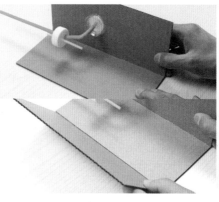

13 用熱熔膠槍在右側面板的側邊擠膠，將其與另外2塊長23 cm、寬10 cm的紙皮黏貼。

10 cm

10.6 cm

14 取出2塊長10.6 cm、寬10 cm的紙皮，作為飲水機的頂面和底面面板。

15 取出準備好的塑膠空瓶，用間尺測量瓶身上半部分最粗位置的直徑，以確定頂面面板上孔洞的半徑。

16 以步驟15中確定的長度為半徑，用圓規在其中1塊紙皮上畫圓。

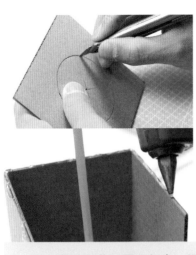

17 用剎刀裁下圓形紙皮，把剩下的紙皮在飲水機主箱頂部黏貼，同時用熱熔膠給飲水機外框黏上底板。

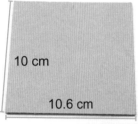

10 cm

10.6 cm

18 取出剩餘的1塊長10.6 cm、寬10 cm的紙皮，在飲水機主箱上方擠膠後將其黏貼到飲水機正面的上部。

溫故而知新！

飲水機外箱頂面面板孔洞的大小設置要參考用作飲水機水瓶的上半部分的瓶身大小，即取瓶身上半部分最粗位置的半徑畫圓，保證頂面能托住水瓶。

製作飲水機開關的手柄

飲水機開關的手柄面板
準備 4 塊相同的梯形紙皮，其中上底長 2 cm、
下底長 4 cm、高 9 cm。

下底 / 高 / 上底

開始！

19 取出準備好的4塊相同的梯形紙皮。

20 用間尺測量出水裝置的瓶蓋直徑，用圓規選取相應半徑在其中3塊紙皮的底部畫圓，再用鉎刀裁出瓶蓋大小的圓孔。

21 用熱熔膠槍在孔洞的梯形紙皮上擠膠，依次對齊黏上，做出手柄的外殼。

22 給飲水機的出水裝置擰上瓶蓋，用熱熔膠槍在瓶蓋上擠膠，然後黏上手柄外殼。

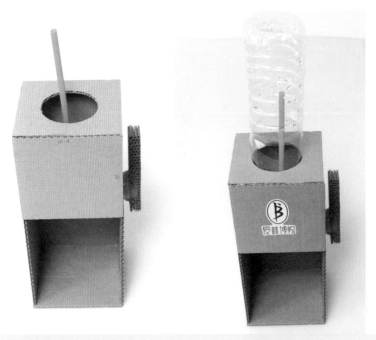

23 最後，在準備好的塑膠空瓶裏裝水，將其倒着安裝在出水裝置的瓶口上。記得要擰緊瓶蓋。

溫故而知新！

（1）黏貼飲水機出水開關的手柄時要黏牢固，防止出現鬆動情況，導致出水開關不能關上而漏水。

（2）水瓶內裝的水不宜太多，以免安裝水瓶時，灑出的水打濕飲水機外框（特別是頂板）。

飲水機製作說明：

飲水機是利用氣壓實現出水的，重點在於出水口與出水開關等裝置的密封性是否到位。如果飲水機裝置的密封沒有做好，那麼飲水機的製作就存在失敗的風險。因此，大家根據案例講解的製作步驟製作的飲水機，不是百分之百都會順利出水，要想順利出水需要重點關注各裝置的密封性。

4.2 保險箱裏的秘密

咦……保險箱鎖住啦！！！

放入物品

2 撥動密碼插梢，鎖上！

3 撥亂密碼……

關上第二道密碼鎖……

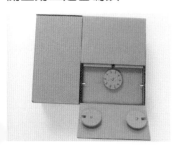

5 關上第三道密碼鎖……

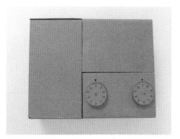

6 鎖上啦！！！

保險箱原理解釋

保險箱的原理是設置密碼卡槽機關，當把密碼撥輪轉動到正確的密碼位置後，密碼鎖裝置上密碼卡槽的凹口將完全對齊密碼鎖扣，從而打開保險箱。

紙皮部件構造圖

※ 各零部件的圖示比例不等於平面圖的實際比例。

※ 此處的零部件平面圖為紙皮的平面圖，其他材料請看後面每部分的「準備」板塊。

※ 1 個密碼撥輪由 3 塊圓形紙皮和 1 塊紙皮組成。

保險箱內層兩道密碼鎖的機關裝置

◆內層第二道密碼鎖的密碼撥輪：

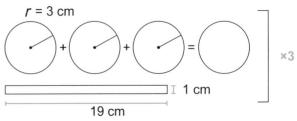

$r = 3$ cm

$×3$

1 cm

19 cm

◆內層第二道密碼鎖面板：

5cm

1.2cm×4cm

2.3cm

18cm

10 cm

2 cm

1 cm

0.6cm×1.6cm

0.8cm×1cm

8 cm

13 cm

◆內層第一道密碼鎖裝置所需零件：

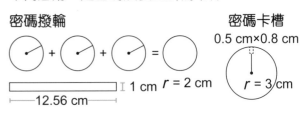

密碼撥輪

密碼卡槽

0.5 cm×0.8 cm

1 cm

$r = 2$ cm

$r = 3$ cm

12.56 cm

◆內層第二道密碼鎖裝置所需零件：

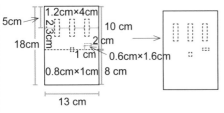

$×3$

$×2$

0.8 cm×1 cm

2.3 cm

0.7 cm

$r = 1$ cm

$r = 2$ cm

3 cm

◆內層第一道密碼鎖與第二道密碼鎖之間的隔板：

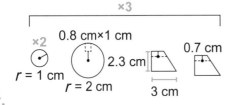

1 cm

$×8$

6 cm

保險箱外箱與外層第一道密碼鎖裝置

◆保險箱外箱的右側面板：

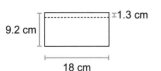

9.2 cm　1.3 cm
18 cm

◆保險箱外箱的左側面板：

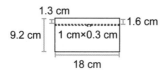

1.3 cm
9.2 cm　1.6 cm
1 cm×0.3 cm
18 cm

◆保險箱外箱的底部面板：

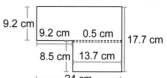

9.2 cm
9.2 cm　0.5 cm　17.7 cm
8.5 cm　13.7 cm
24 cm

◆保險箱外層第一道密碼鎖裝置所需零件：

密碼撥輪

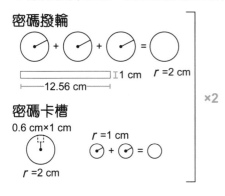

○ + ○ + ○ = ○
1 cm　r =2 cm
12.56 cm

密碼卡槽
0.6 cm×1 cm

r =1 cm
r =2 cm
○ + ○ = ○

×2

◆保險箱外箱的左側面板：

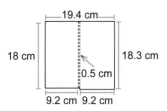

19.4 cm
18 cm　18.3 cm
0.5 cm
9.2 cm　9.2 cm

◆保險箱外箱的頂部面板：

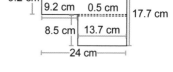

9.2 cm
10.2 cm　0.5 cm
10.2 cm　19.4 cm
13.6 cm
24 cm

◆保險箱外箱的背面面板：

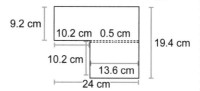

18.6 cm
24 cm

◆保險箱內部的夾層裝置：

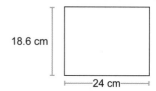

9.8 cm　×2
17.8 cm

1 cm
11.5 cm

工具

1 剝刀
2 剪刀
3 圓規
4 鑷子
5 如意剪
6 細錐
7 強力膠水
8 熱熔膠槍
9 鉛芯筆
10 小三角尺
11 間尺
12 切割板
13 記號筆

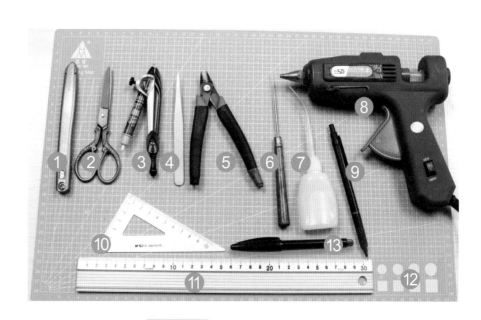

製作

製作保險箱內層兩道密碼鎖的機關裝置

準備

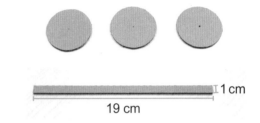

（1）內層第二道密碼鎖的密碼撥輪
準備 3 塊 r =3 cm 的圓形紙皮，1 塊
長 19 cm、寬 1 cm 的長條紙皮。

（2）內層第二道密碼鎖裝置所需零件
準備 2 塊 r =1 cm 的圓形紙皮（圖 1）；準備 1 塊 r =2 cm 的異形紙皮（圖 2）；準備 2 塊直角梯形紙皮（圖 3），其中直角梯形紙皮的各邊長度按圖示編號分別為：1
號邊長 1.5 cm、2 號邊長 2.3 cm、3 號邊長 3 cm、4 號邊長連接 1 號邊和 3 號邊即可得，
h=0.7 cm。

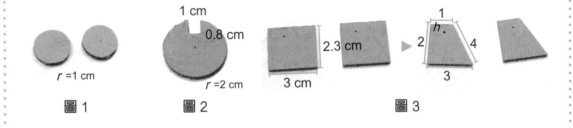

圖 1　　　　圖 2　　　　　　　　圖 3

（3）密碼鎖裝置的連接材料
準備一些竹籤。

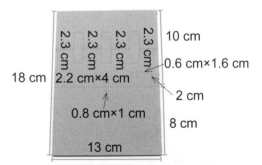

（4）內層第二道密碼鎖面板
準備 1 塊長 18 cm、寬 13 cm 的紙皮，將
紙皮長邊分為上下兩部分，上半部分長 10
cm、下寬 8 cm。在面板的上半部分標出
密碼鎖的機關設置尺寸。

（5）內層第二道密碼鎖其他零件

分別準備一些長 14 cm、寬 1 cm 的雪條棒，一根小木棒，1 根橡筋。

（6）內層第二道密碼鎖的密碼卡扣

準備 3 塊 15 cm × 1.7 cm 的雪條棒來製作密碼卡扣，其具體尺寸按圖示編號分別為：1 號邊長 3.3 cm、2 號邊長 1.1 cm、3 號邊長 0.6 cm、4 號邊長 0.6 cm、5 號邊長 2.3 cm、6 號邊長 0.9 cm，$\angle a=104°$，$\angle b=65°$，$\angle c=125°$，$\angle d=115°$，$\angle e=57°$。

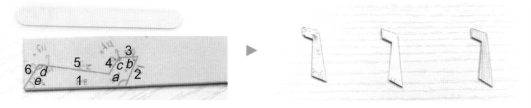

（7）內層第一道密碼鎖裝置

準備 1 塊 $r=3$ cm、有缺口的圓形紙皮作為密碼鎖的密碼卡槽，準備 3 塊 $r=2$ cm 的圓形紙皮作為密碼鎖的密碼撥輪，準備 1 塊長 12.56 cm、寬 1 cm 的紙皮作為密碼撥輪側面包裹的紙皮。

（8）內層第一道密碼鎖與第二道密碼鎖之間的隔板

準備 8 塊長 6 cm、寬 1 cm 的紙皮。

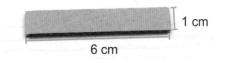

開始！

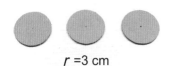

$r=3$ cm

1 取出3塊半徑為3 cm的圓形紙皮，擠上熱熔膠後對齊黏在一起。

1 cm

19 cm

2 取出1塊長19 cm、寬1 cm的長條紙皮,剝下紙皮上面的一層紙皮備用。

3 用熱熔膠槍在黏好的圓形紙皮的側邊擠膠,接着用紙皮把圓形紙皮的側邊包住,做成密碼鎖的密碼撥輪。

r =1 cm

4 取出2塊準備好的半徑為1 cm的圓形紙皮。將上一步製作的密碼撥輪插在細錐上,然後在圓形紙皮上擠膠,依次黏上2塊r =1 cm的圓形紙皮。

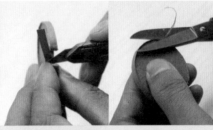

0.8 cm×1 cm

r =2 cm

5 取出準備好的有一個長1 cm、寬0.8 cm缺口的異形紙皮,接着用與紙皮相同厚度 (0.3 cm) 的紙片包邊,用剪刀稍微修剪一下包邊後的圓形紙皮,做成密碼鎖的密碼卡槽。

製作小貼士！

保險箱內層第二道密碼卡槽的寬度設置：

由於密碼鎖中間的圓環厚度為0.6 cm，因而密碼卡扣的寬度也為0.6 cm。為方便密碼卡扣能在卡槽內前後活動，所以此處密碼卡槽的寬設置為0.8 cm，多了0.2 cm寬的活動空間。

 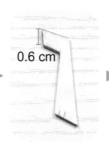  

0.6 cm

0.6 cm

1 cm

 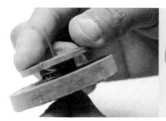

6 在密碼撥輪裝置上的小圓片上擠膠，然後黏上包好邊的密碼卡槽零件。

7 取出準備好的2塊梯形紙皮，在指定位置用細錐鑽孔。

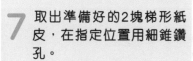   

8 取出1根竹籤穿過一個梯形紙皮，再穿過密碼撥輪，接着穿入另一個梯形紙皮，對齊兩個梯形紙皮；在密碼撥輪兩側的梯形紙皮和竹籤接觸部分滴入強力膠水黏牢。（注：兩個梯形紙皮要保持同樣的方向。）

9 用如意剪剪掉兩側多餘的竹籤，一個密碼撥輪裝置就製作完成了。用同樣的零件再製作2個相同的密碼撥輪。

製作小貼士！

（1）密碼撥輪裝置插入的梯形紙皮的直角邊要朝向密碼鎖安裝面板內側。

（2）插入的2個梯形紙皮要對稱。

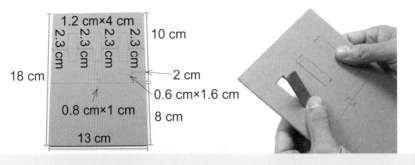 

1.2 cm×4 cm
10 cm
18 cm
2.3 cm　2.3 cm　2.3 cm　2.3 cm
2.3 cm
2 cm
0.6 cm×1.6 cm
0.8 cm×1 cm
8 cm
13 cm

10 取出標注好尺寸的長18 cm、寬13 cm的紙皮，沿着標注的位置裁切，取出不需要的紙皮，製作內層第二道密碼鎖的安裝面板。

11 取一個密碼撥輪部件，將梯形紙皮零件的直角邊朝向面板內側，放在面板上的矩形孔洞上，調整位置，讓中間的撥輪處於懸空狀態，然後用強力膠水把梯形紙皮固定在面板上。用同樣的方法黏上另外兩個密碼撥輪部件。

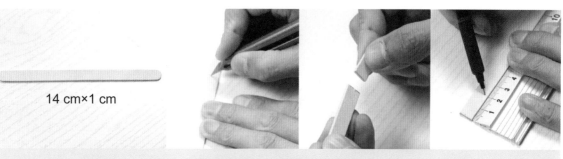

14 cm×1 cm

12 取出1根長14 cm、寬1 cm的雪條棒，用剝刀裁掉雪條棒上的任意一端圓頭，在距切口邊緣2 cm處做標記。

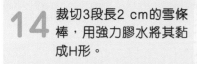

1 cm

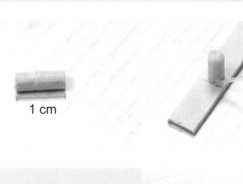

13 裁切1截長1 cm的小木棒，用強力膠水將其黏在雪條棒的標記處。

14 裁切3段長2 cm的雪條棒，用強力膠水將其黏成H形。

2 cm

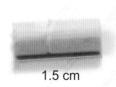

1.5 cm

15 裁切2截長1.5 cm的小木棒，用剝刀在小木棒中間挖出凹槽。

16 用強力膠水把1截帶有凹槽的小木棒黏在H形配件的中間（要黏牢）。

17 用鉛筆在黏有小木棒的雪條棒的圓頭一端距邊緣1 cm處做標記；把雪條棒黏有小木棒的一面朝下，放入3個密碼撥輪部件的下方，並將小木棒放進紙皮的孔洞裏；在雪條棒的標記位置放上H形配件（小木棒的缺口朝外），然後用熱熔膠槍擠膠後將其黏牢。

製作小貼士！

在製作此處的密碼插梢時，插梢要往外延伸0.5 cm，作為密碼鎖扣，如下圖所示。

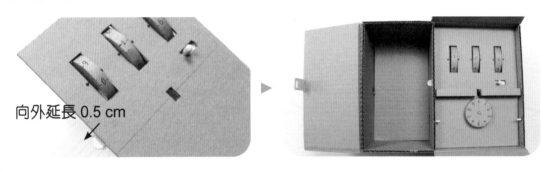

向外延長 0.5 cm

18 在H形配件旁邊黏上另一個帶凹槽的小木棒，此處凹槽方向與H形配件上小木棒凹槽的方向相反。

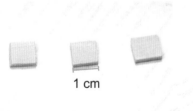

1 cm

19 再裁切3塊長1 cm的雪條棒製作一個H形配件，並將配件黏到用雪條棒製作的密碼插梢的另一端。（注：H形配件要與密碼鎖面板左側第一個密碼撥輪對齊。）

20 取出準備好的橡筋，將其套在2個帶有凹槽的木棒的凹槽內。

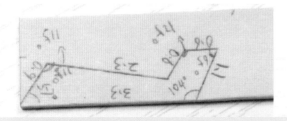

21 取出用雪條棒製作的3塊異形木片，作為內層第二道密碼鎖的密碼卡扣。

22 將3塊異形木片分別黏到密碼插銷上與密碼撥輪部件的密碼卡槽內側（注意：異形木片必須黏牢固，以免開鎖次數過多導致密碼卡扣鬆動。）

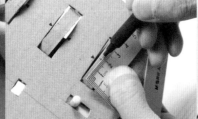
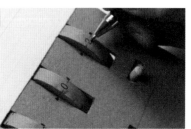

23 將密碼卡槽的缺口對齊異形木片的轉角，在密碼撥輪上用記號筆標記此時的位置，寫下設定的密碼；然後在每個密碼撥輪上均勻標記9個點，寫下其他9個數字。

開箱密碼在正確與錯誤的狀態下，密碼鎖卡槽的顯示情況：此處設計的密碼為1、0、2。

(1) 圖1的密碼正確，此時，其密碼卡扣處於密碼卡槽內。

(2) 圖2的密碼錯誤，此時，其密碼卡扣處於密碼鎖密碼卡槽外。

圖 1

圖 2

r =2 cm

24 取出3塊半徑為2 cm的圓形紙皮，用記號筆將其中一塊圓形紙皮均分成10份並寫上數字。

25 用熱熔膠將2塊沒有數字標記的圓形紙皮對齊黏貼，接着黏上帶有數字標記的圓形紙皮。

26 先用熱熔膠槍在黏貼好的圓形紙皮側邊擠膠，然後用紙皮包邊，作為保險箱內層第一道密碼鎖的密碼撥輪。

27 用細錐在密碼撥輪的圓心處鑽孔，穿入竹籤後用強力膠水固定。（注：竹籤的根部要與密碼撥輪的表面齊平。）

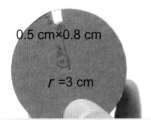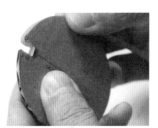

0.5 cm×0.8 cm

$r = 3$ cm

28 取出準備好的半徑為3 cm、有缺口的圓形紙皮，同樣用紙皮包邊，作為密碼卡槽。

製作小貼士！

用密碼鎖卡槽確定第一道密碼鎖的密碼撥輪的安裝位置：將密碼鎖卡槽的缺口對齊密碼鎖孔洞。
（說明：這裏製作的密碼鎖的密碼為：0）

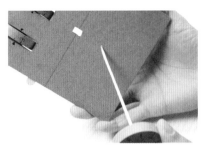

29 把插入竹籤的密碼撥輪穿進內層密碼鎖安裝面板下面的孔洞裏。

30 在密碼撥輪裝置的反面套上製作好的密碼卡槽。

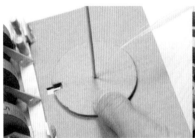
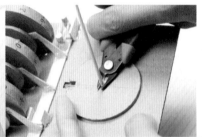

31 將密碼卡槽的缺口和正面面板設置的密碼調整對應後,用強力膠水固定,最後用如意剪剪掉多餘竹籤。

1 cm
6 cm

32 取出4塊長6 cm、寬1 cm的紙皮,在紙皮上擠膠後將紙皮層層疊加進行黏貼。再取出另外4塊相同尺寸的紙皮條進行黏貼,製作兩組隔板。

33 在製作好的兩組隔板條底部擠膠，分別將其黏在密碼撥輪上方的孔洞兩側。

溫故而知新！

(1) 保險箱內層第二道密碼鎖的密碼撥輪要居中懸空架在密碼鎖面板的孔洞上方，保證密碼撥輪能自由轉動。

(2) 保險箱內層第二道密碼鎖的密碼卡扣在雪條棒插銷上要黏貼牢固，避免密碼卡扣因操作頻繁而鬆動。

(3) 保險箱內層第二道密碼鎖的插銷要往密碼鎖面板的左側邊緣向外延伸0.5 cm，作為鎖扣。

製作保險箱外箱及外層第一道密碼鎖裝置

準備

(1) 保險箱外箱的右側面板
準備 1 塊長 18 cm、寬 9.2 cm 的矩形紙皮。

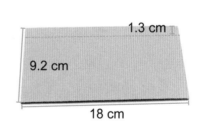

1.3 cm
9.2 cm
18 cm

(2) 保險箱外箱的左側面板
準備 1 塊長 18 cm、寬 9.2 cm 的矩形紙皮，在紙皮從上往下的 1.6 cm 處裁切一個長 1.1 cm、寬 0.3 cm 的矩形孔洞。

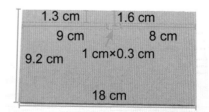

1.3 cm   1.6 cm
9 cm   8 cm
9.2 cm   1 cm×0.3 cm
18 cm

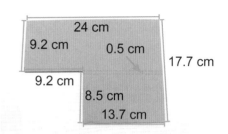

（3）保險箱外箱的底部面板
準備 1 塊異形紙皮，其具體尺寸按圖示。

（4）保險箱外層第一道密碼鎖裝置所需零件
準備 2 塊 r =2 cm 的圓形紙皮，在紙皮上切出一個長 1 cm、寬 0.6 cm 的矩形切口；
準備 4 塊 r =1 cm 的圓形紙皮；準備 6 塊 r =2 cm 的圓形紙皮和 1 條長 12.56 cm、
寬 1 cm 的紙皮。

（5）保險箱外箱的頂部面板
準備 1 塊異形紙皮，其具體尺寸按圖示。

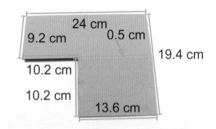

（6）保險箱外層第一道密碼鎖的鎖扣
用雪條棒製作 1 塊異形木片，具體尺寸按圖示。

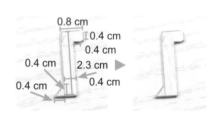

（7）保險箱外箱的左側面板及鎖扣：
準備 1 塊異形紙皮，其具體尺寸按圖示；用雪條棒製作 1 塊長 1.8 cm、寬 2.2 cm 的木片，
在木片的底部往上 1.5 cm 左右居中的位置裁切一個 1.1 cm×0.3 cm 的矩形孔洞。

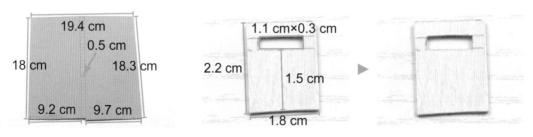

（8）保險箱外箱的背面面板
準備 1 塊長 24 cm、寬 18.6 cm 的紙皮。

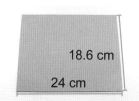

18.6 cm
24 cm

（9）保險箱內部的夾層裝置
準備 2 塊長 17.8 cm、寬 9.8 cm 的紙皮和
1 塊長 11.5 cm、寬 1 cm 的紙皮。

9.8 cm
17.8 cm

1 cm
11.5 cm

開始！

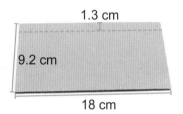

1.3 cm
9.2 cm
18 cm

34 準備好的長18 cm、寬9.2 cm的紙皮，將其黏在前面製作好的密碼鎖面板的右側。

1.3 cm　1.6 cm
9 cm　　8 cm
9.2 cm
18 cm

35 取出準備好的1塊長18 cm、寬9.2 cm的紙皮，在紙皮的相應位置用剎刀裁切一個長1.1 cm、寬0.3 cm的孔洞，並將剩餘紙皮黏到密碼鎖面板的左側。

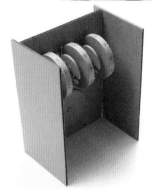

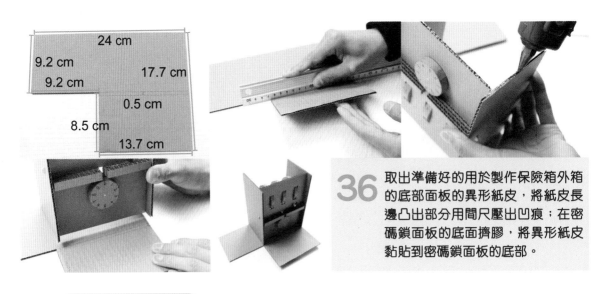

36 取出準備好的用於製作保險箱外箱的底部面板的異形紙皮,將紙皮長邊凸出部用間尺壓出凹痕;在密碼鎖面板的底面擠膠,將異形紙皮黏貼到密碼鎖面板的底部。

製作小貼士!

由於保險箱外箱的底面與正面是連接在一起的,所以在黏貼保險箱的底部面板時,要在底面與正面的兩個面之間,用工具壓出0.5 cm寬的凹痕,方便保險箱正面的黏貼。同樣,黏貼保險箱外箱的頂部面板時也需要壓出凹痕。

37 取出2塊半徑為2 cm、有缺口的圓形紙皮,分別切出一個長0.6 cm、寬1 cm的缺口,同樣用用紙皮包邊,製作保險箱外層第一道密碼鎖的密碼卡槽。

38 取出6塊半徑為2 cm的圓形紙皮,按照前面製作密碼撥輪的方法,製作2個密碼撥輪,並分別穿上竹籤。

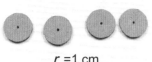

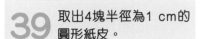

r =1 cm

4 cm　4 cm
2.5 cm　　　2.5 cm

39 取出4塊半徑為1 cm的圓形紙皮。

40 在保險箱底部面板折起部分的定點處用細錐鑽2個孔洞。

41 將密碼撥輪由外向內穿過上一步中鑽出的孔洞,將2塊半徑為1 cm的圓形紙皮插入底部面板內側的竹籤,再插入密碼卡槽。

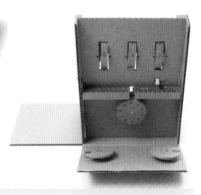

42 將密碼卡槽的缺口對齊底板左側,調整缺口對應正確密碼後,用強力膠水固定;用如意剪剪掉多餘的竹籤。用同樣的方法製作右側密碼撥輪裝置,右側密碼卡槽的缺口要對準底部面板的右側。

43 用記號筆在保險箱兩側面板的相應位置(對準缺口的位置)做標記,然後用細錐鑽孔。

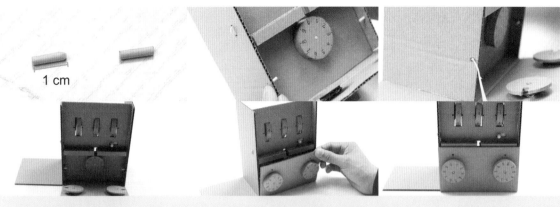

44 裁切2截竹籤，分別由外向內穿進保險箱外箱兩側孔洞，用膠水固定，最後測試一下保險箱的密碼鎖裝置。

製作小貼士！

利用密碼鎖撥輪上的密碼鎖盤的位置，來確定密碼鎖卡扣的位置。這裏製作的密碼為7、7。

45 取出用雪條棒製作的異形木片，作為保險箱外層第一道密碼鎖的鎖扣。

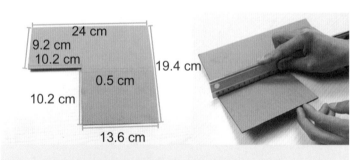

46 取出用於製作保險箱外箱的頂部面板的異形紙皮，用間尺在相應位置壓出凸痕。

47 用強力膠水將密碼鎖鎖扣（鎖扣朝外）黏在頂部面板折起部分的邊緣中部。

48 用熱熔膠槍在密碼鎖面板的頂端擠膠,將保險箱外箱的頂部面板黏在密碼鎖面板上。

19.4 cm

18 cm　　0.5 cm

18.3 cm

9.2 cm　　9.7 cm

49 取出用於製作保險箱外箱的左側面板的紙皮,在兩條長邊中部壓出寬約0.5 cm的凹痕。

製作小貼士!

由於保險箱外箱的左面與正面是連接在一起的,所以在黏貼保險箱的左側面板時,要在兩個面之間壓出寬約0.5 cm的凹痕。

50 取出用雪條棒製作的長2.2 cm,寬1.8 cm的木片,作為卡槽。

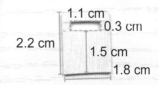

1.1 cm
0.3 cm
2.2 cm
1.5 cm
1.8 cm

 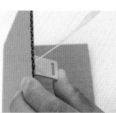 

51 用剉刀將卡槽邊緣打磨一下,將其黏到保險箱外箱的左側面板的相應位置。

52 用熱熔膠槍在保險箱外箱的左側面板的邊緣擠膠，將其對齊黏貼在製作的保險箱半成品上。

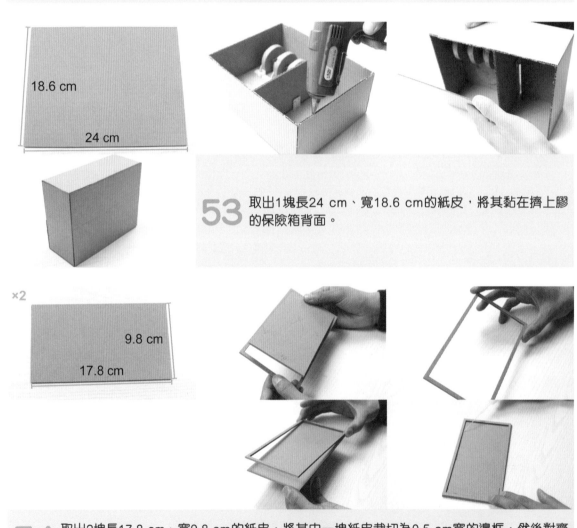

18.6 cm

24 cm

53 取出1塊長24 cm、寬18.6 cm的紙皮，將其黏在擠上膠的保險箱背面。

×2

9.8 cm

17.8 cm

54 取出2塊長17.8 cm、寬9.8 cm的紙皮，將其中一塊紙皮裁切為0.5 cm寬的邊框，然後對齊黏在另一塊紙皮上，作為保險箱內部的夾層裝置。

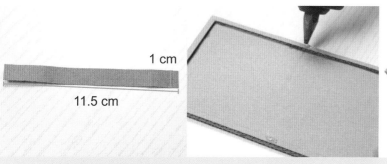

55 在夾層裝置兩側邊框的中間擠膠，黏上長11.5 cm、寬1 cm的紙皮，並將其中一側延伸出0.5 cm作為拉條。

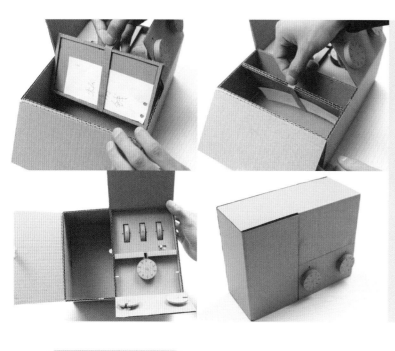

56 最後，把製作的夾層裝置放入保險箱內，保險箱的製作就完成了。

溫故而知新！

（1）保險箱外箱的每塊面板都包含了保險箱的兩個面，因此需要在面板交界處用間尺壓出凹痕，方便彎折紙皮。

（2）保險箱的每道密碼鎖裝置，在安裝後都要測試一下是否能用。

（3）密碼卡扣的位置要依據密碼撥輪上的密碼卡槽來確定。

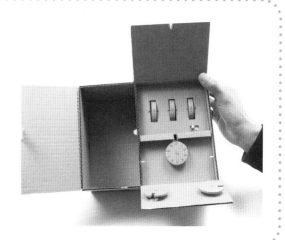

4.3 給神奇微波爐亮燈

哇！微波爐
動起來啦！！！

1 打開爐門

2 放入食物

3 關門……

4 打開電源……

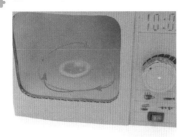

5 轉動時是會亮燈的……

6 開飯啦……

神奇微波爐原理解釋

　　微波爐是利用電能＋滑輪裝置製作的，通過電能帶動安裝在電動機上的滑輪裝置，再由電動機上的滑輪通過傳動帶帶動微波爐加熱區的滑輪部件轉動，從而使安裝在加熱區滑輪裝置上的轉盤轉動。

紙皮部件構造圖

※ 各零部件的圖示比例不等於平面圖的實際比例。

※ 此處的零部件平面圖為紙皮的平面圖，其他材料請看後面每部分的「準備」板塊。

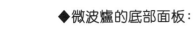

旋轉工作台

◆微波爐的底部面板：

13 cm
17 cm

◆旋轉工作台轉盤支撐部分的齒輪面板：

×2 r =3 cm　×2 r =2 cm

◆微波爐底面的立面隔板：

11.7 cm
5 cm×2 cm
13 cm

◆安裝在電動機上的齒輪面板：

×2 r =2.25 cm　×2 r =1.5 cm

◆旋轉工作台的轉盤面板：

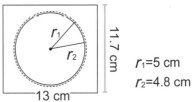

r_1
r_2
11.7 cm
13 cm
r_1=5 cm
r_2=4.8 cm

電池箱

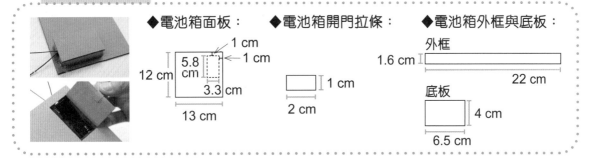

◆電池箱面板：

1 cm
1 cm
12 cm
5.8 cm
3.3 cm
13 cm

◆電池箱開門拉條：

1 cm
2 cm

◆電池箱外框與底板：

外框
1.6 cm
22 cm

底板
4 cm
6.5 cm

外箱

◆微波爐轉盤與外箱底部面板之間的擋板：

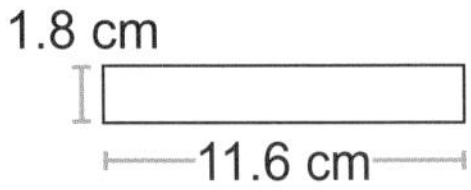
1.8 cm
11.6 cm

◆微波爐外箱的左側擋板：

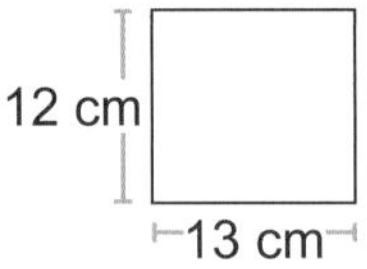
12 cm
13 cm

◆微波爐外箱的背面擋板：

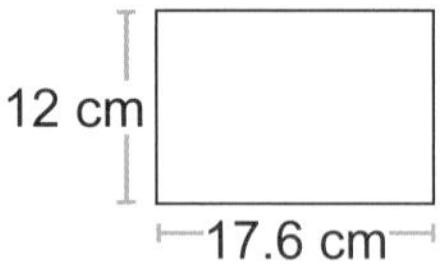
12 cm
17.6 cm

◆微波爐外箱的頂部面板：

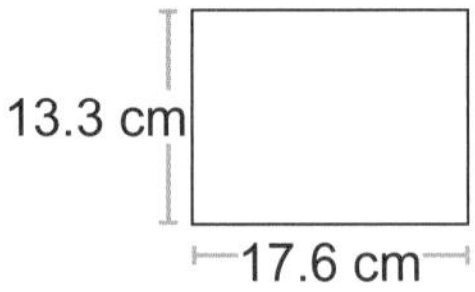
13.3 cm
17.6 cm

控制面板與時間調控器

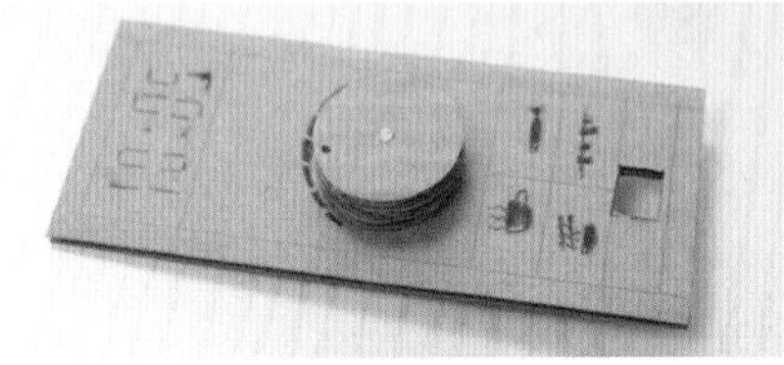

◆微波爐的控制面板：

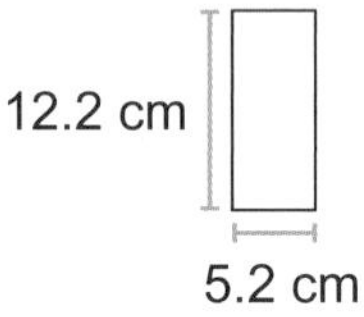
12.2 cm
5.2 cm

◆微波爐的時間調控器：

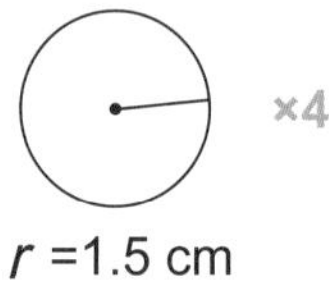
×4
r =1.5 cm

爐門

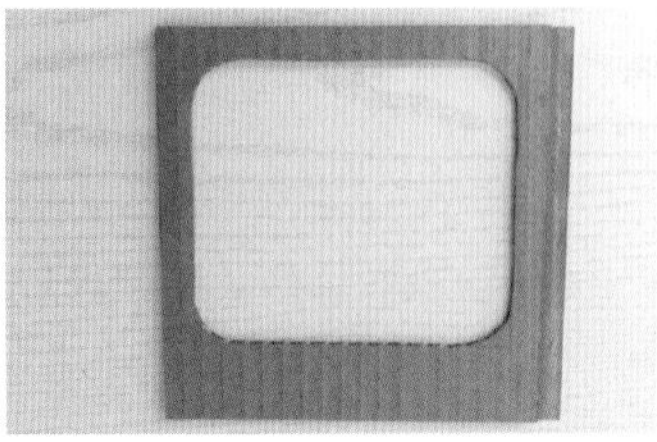

◆微波爐的爐門面板：

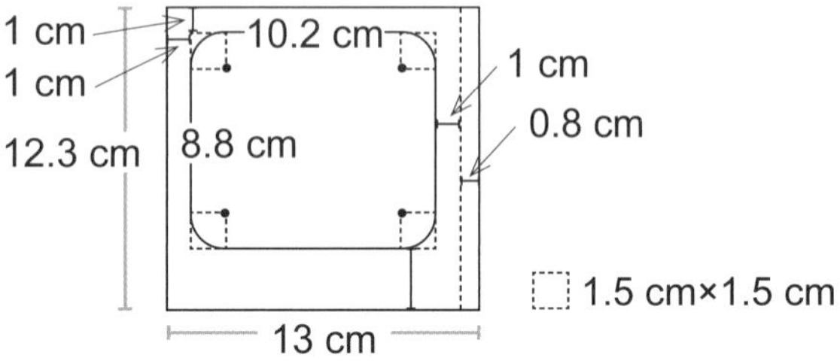
1 cm
1 cm
10.2 cm
1 cm
0.8 cm
12.3 cm
8.8 cm
1.5 cm×1.5 cm
13 cm

工具與零件：

微波爐製作所需工具：

1. 記號筆
2. 刪刀
3. 鉛芯筆
4. 錐子
5. 鑷子
6. 圓規
7. 細錐
8. 熱熔膠槍
9. 電線膠紙
10. 強力膠水
11. 小三角尺
12. 剪刀
13. 如意剪
14. 間尺
15. 切割板
16. 打火機

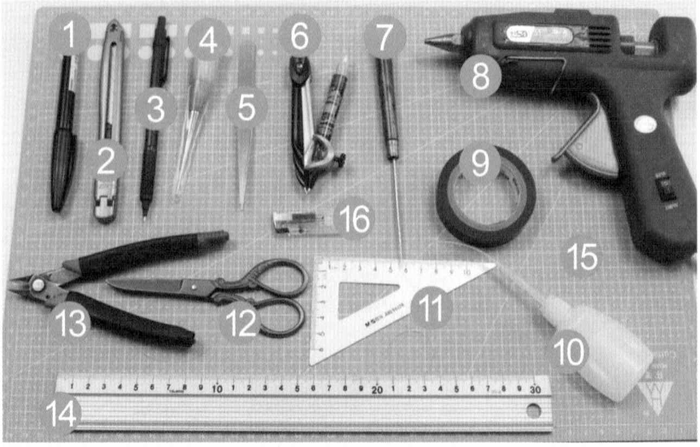
1
2
3
4
5
6
7
8
9
10
11
12
13
14
15
16

微波爐動力裝置製作所需零件：

1 正極導線
2 dc 直流減速電動機
3 毛線
4 電線膠紙
5 軸承
6 AA 電池
7 1.5 cm×1 cm 船形開關
8 負極導線
9 雙節電池盒
10 LED 燈

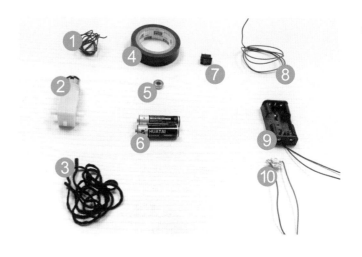

製作

製作旋轉工作台　準備

（1）旋轉工作台轉盤上的轉軸
準備 1 截長度適中的木棒（木棒一端被適當削過）和 1 個金屬軸承。金屬軸承的內徑為 0.5 cm、外徑為 1.3 cm、高為 0.5 cm。

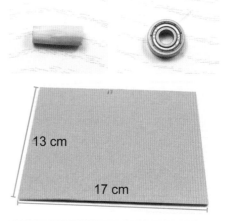

（2）微波爐的底部面板
準備 1 塊長 17 cm、寬 13 cm 的紙皮。

13 cm
17 cm

（3）旋轉工作台轉盤支撐部分的齒輪面板
分別準備 r =3 cm、r =2 cm 兩種規格的圓形紙皮，每種規格的紙皮各 2 塊。

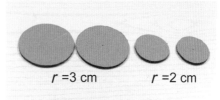

r =3 cm　　r =2 cm

（4）微波爐底面的立面隔板
準備 1 塊長 13 cm、寬 11.7 cm 的紙皮，並按照圖示位置裁切一長 5 cm、寬 2 cm 的矩形。

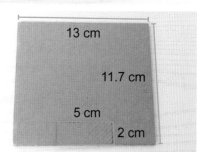

13 cm
11.7 cm
5 cm
2 cm

（5）微波爐電動機動力區的齒輪轉動裝置

分別準備r =2.25 cm、r =1.5 cm兩種規格的圓形紙皮，每種規格的紙皮各2塊；準備1個dc直流減速電動機；準備長度為10 cm的正、負極導線各1條。

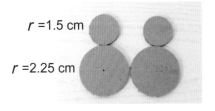

r =1.5 cm

r =2.25 cm

導線長 10 cm

（6）微波爐內部動力裝置上的傳動帶

準備1段長度適中的毛線，來帶動微波爐加熱區的轉盤轉動。

（7）旋轉工作台的轉盤面板

準備1塊長13 cm、寬11.7 cm的紙皮，以紙皮上的中心點為圓心，如圖所示畫出同心圓。

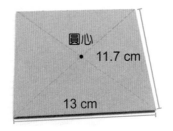

圓心
11.7 cm

13 cm

▶

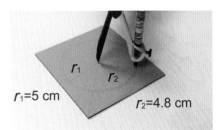

r_1
r_2

r_1=5 cm

r_2=4.8 cm

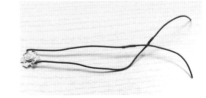

（8）微波爐頂部的工作指示燈

準備1個連接導線的LED燈，作為微波爐運作的指示燈。

START

開始！

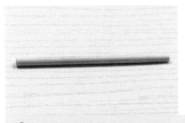

1 取出準備好的1截木棒。

2 取出金屬軸承，把木棒削過的一頭插進軸承裏，然後在軸承和木棒接觸位置滴強力膠水黏牢。（注：膠水不要滴進軸承裏，以免軸承不轉。）

轉軸安放點

13 cm

5 cm

17 cm

3 取出準備好的長17 cm、寬13 cm的紙皮，作為微波爐的底板，按圖上標記把製作好的軸承部件放在底板的指定區域；用熱熔膠槍在軸承周圍擠膠，把軸承固定在底板上。

r =3 cm

r =2 cm

4 取出半徑分別為2 cm、3 cm的圓形紙皮各2塊。

5 依次按照大圓形紙皮、小圓形紙皮、小圓形紙皮、大圓形紙皮的順序，利用細錐將4個圓形紙皮黏貼到一起，做成一個大滑輪部件。

（1）在組合黏貼圓形紙皮時，可以把圓形紙皮固定在細錐上，再一一進行黏貼（後期會使用較粗的錐子再次整體鑽孔，為避免此時洞口太大影響後期製作，所以用細錐）。

（2）因為圓形紙皮中心要插入一個轉軸來帶動圓形紙皮轉動，因此在擠膠黏貼圓形紙皮時，避免圓形紙皮中間沾上膠水，影響圓形紙皮轉動。

6 用錐子在大滑輪部件的圓心鑽孔，然後把大滑輪部件套在微波爐底板的木棒上，並在木棒和大滑輪部件的接觸位置滴上強力膠水進行固定。

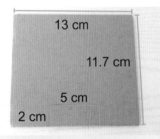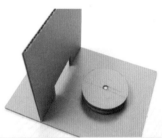

13 cm

11.7 cm

5 cm

2 cm

7 取出1塊長13 cm、寬 11.7 cm的紙皮，按圖示位置裁切一個長5 cm、寬2 cm的矩形，接着在剩餘紙皮的底邊擠膠，將其黏在微波爐底部面板的相應位置。

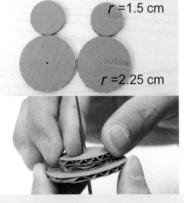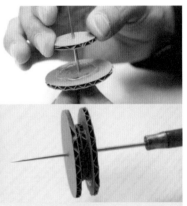

r =1.5 cm

r =2.25 cm

8 取出準備好的半徑分別為1.5 cm、2.25 cm的圓形紙皮各2塊，按照大圓形紙皮、小圓形紙皮、小圓形紙皮、大圓形紙皮的順序利用細錐將4個圓形紙皮黏貼到一起，做成一個小滑輪部件。

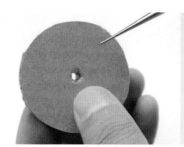

9 用錐子在小滑輪部件的圓心鑽孔。

10 取出準備好的dc直流減速電動機,把小滑輪部件套在dc直流減速電動機的軸上,保持水平,滴上強力膠水黏牢(注意:此處盡量選用低速的電動機,每分鐘150轉左右為好)。

製作小貼士!

電動機上安裝的滑輪部件,要嵌入微波爐底面的立面擋板的矩形孔內;因此,滑輪的最大直徑要小於矩形孔長。如圖,矩形孔長為5 cm,滑輪最大直徑為4.5 cm,留有0.5 cm的活動空間。這樣電動機上的滑輪部件能在矩形孔內隨意轉動。在具體製作時,要根據實際尺寸進行製作。

$r = 2.25$ $d = 4.5$

5 cm

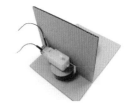

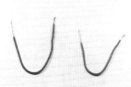

11 取出準備好的2根導線,紅色為正極,藍色為負極,用打火機燒掉導線兩端的絕緣皮。

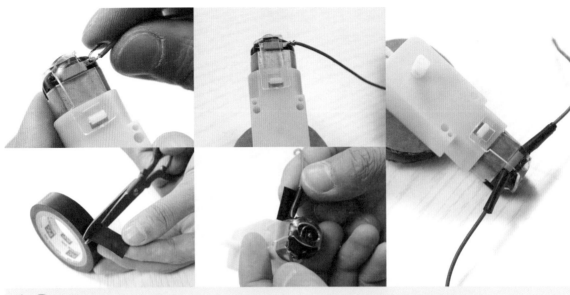

12 對準正負極，把導線一端纏在電動機線圈上，然後用電線膠紙把接線處黏牢。

13 用熱熔膠槍在電動機一側擠膠，將其對齊黏到微波爐底面的立面擋板的矩形孔的上方，與底板上的滑輪部件隔紙皮相對。（注意：電動機上的滑輪部件要懸空，不能接觸其他紙皮。）

製作小貼士！

（1）給電動機連接導線時，要在接線處用電線膠紙進行包裹處理，避免接線處鬆動及出現安全隱患。

（2）安裝嵌入電動機滑輪裝置時，下方圓形滑輪的底面要與底部紙皮留有一定空隙，讓電動機滑輪裝置處於懸空狀態，能夠順暢旋轉。

留有空隙，不要接觸其他紙皮

14 取出準備好的一段毛線，把毛線繞在兩個滑輪部件的內輪上，打結固定後用剪刀剪去多餘的線。（注意：此處使用的毛線可用其他粗糙的線代替；繞線不宜過鬆，避免滑輪空轉。）

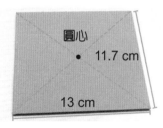

圓心
• 11.7 cm

13 cm

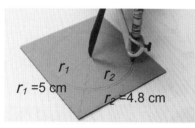

r_1
r_2
r_1 =5 cm
r_2 =4.8 cm

15 取出1塊長13 cm、寬11.7 cm的紙皮，以紙皮中心為圓心，用圓規畫出半徑分別為4.8 cm、5 cm的兩個同心圓。

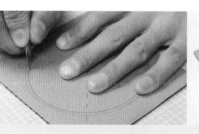

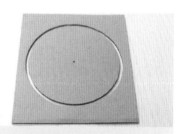

16 先把畫有同心圓的紙皮放在切割板上，接着用�刀裁出紙皮上的同心圓，取出內圓與外圓之間寬0.2 cm的圓環，保留帶孔洞的矩形紙皮與圓形紙皮備用。

製作小貼士！

製作微波爐的轉盤時，轉盤與密封面板之間要空出一些間隙，以免產生摩擦，導致微波爐轉盤無法轉動。

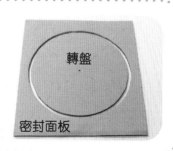

轉盤

密封面板

17 用熱熔膠槍在軸承上的滑輪上擠膠，對齊圓心黏上上一步裁出的圓形紙皮，接着用錐子在立面擋板的頂部中心鑽孔。

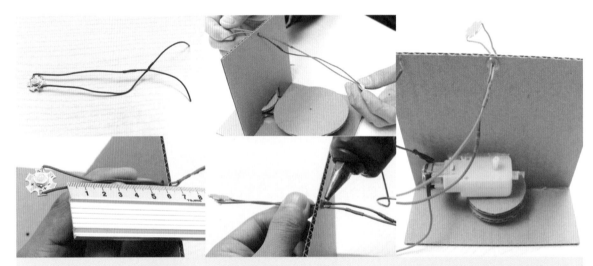

18 取出LED燈，把線穿過立面擋板頂部的孔，保留6 cm左右的長度後用熱熔膠槍在導線與紙皮孔的相接處擠膠固定。

溫故而知新！

（1）安裝微波爐的加熱區和電動機動力區的兩組滑輪部件時，兩者要在同一水平面。

（2）將毛線繞在兩個滑輪部件上時，繞線不宜太鬆，以免電動機動力區的滑輪不能帶動加熱區的滑輪轉動。

（1）電池箱面板
準備 1 塊長 13 cm、寬 12 cm 的紙皮，按圖示位置畫矩形框，製作電池盒。

（2）電池盒外框開門拉條
準備 1 條長 2 cm、寬 1 cm 的紙皮。

（3）電池盒外框
準備 1 條長 22 cm、寬 1.6 cm 的紙皮，作為電池盒外框的邊框；準備 1 塊長 6.5 cm、寬 4 cm 的紙皮，作為電池盒外框的底部面板。

（4）電池盒：
準備 1 個雙節電池盒。

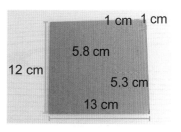

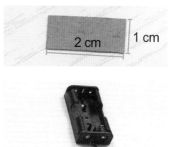

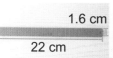

START 開始！

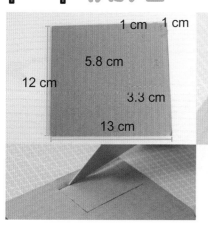

19 取出長 13 cm、寬 12 cm 的紙皮，在紙皮右上方距長邊、寬邊各 1 cm 處，畫一個長 5.8 cm、寬 3.3 cm 的矩形；用剷刀切開矩形的上、左、下三邊，然後在矩形的右邊用小三角尺壓痕，製作出微波爐的電池箱面板。

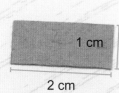

20 取出準備好的長 2 cm、寬 1 cm 的紙皮，黏在電池箱面板上。

21 取出準備好的長22 cm、寬1.6 cm的紙皮，在電池箱面板內側，將其沿着矩形邊框用熱熔膠黏上，用剪刀在矩形框的上邊剪一個缺口放電池盒上的導線。（注：圍成的矩形框的尺寸可根據電池盒尺寸進行調整。）

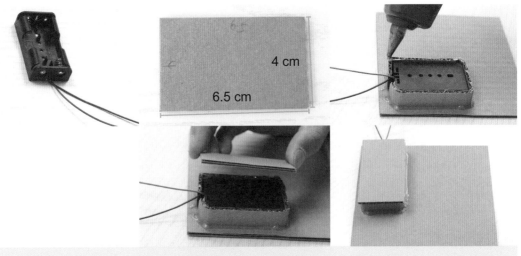

22 把電池盒放進用紙皮圍成的矩形框裏，並用熱熔膠槍在矩形框的頂部擠膠，黏上1塊長6.5 cm、寬4 cm的紙皮。

溫故而知新！

(1) 在紙皮上設置的安放電池盒的矩形，只需裁切矩形上、左、下三邊，右邊不裁切，以使電池盒門蓋能開合。

(2) 製作電池盒外框的紙皮的長、寬等數值，要根據準備的電池盒的尺寸來確定。

(3) 黏貼電池盒的外框時，要留出電池盒上安放導線的缺口。

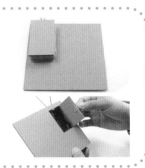

（1）微波爐轉盤與外箱底部面板之間的擋板
準備 1 塊長 11.6 cm、寬 1.8 cm 的紙皮。

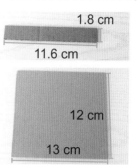

1.8 cm

11.6 cm

（2）微波爐外箱的左側擋板
準備 1 塊長 13 cm、寬 12 cm 的紙皮。

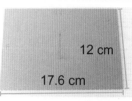

12 cm

13 cm

（3）微波爐外箱的背面擋板
準備 1 塊長 17.6 cm、寬 12 cm 的紙皮。

12 cm

17.6 cm

（4）微波爐外箱的頂部擋板
準備 1 塊長 17.6 cm、寬 13.3 cm 的紙皮。

13.3 cm

17.6 cm

START 開始！

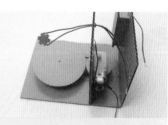

23 用熱熔膠槍在電池盒面板的底部側邊擠膠，將其對齊黏到靠近安裝電動機裝置一側的微波爐底板的邊緣。

24 把LED燈、電動機、電源等零件的負極導線連接在一起，然後再用電線膠紙黏牢。

 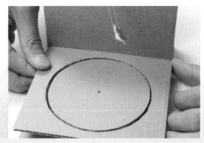 

25 取出前面製作好的帶圓孔的紙皮，在其寬邊擠膠後對齊微波爐的轉盤黏在立面擋板的相應位置。（注：此矩形面板黏貼時與立面擋板保持垂直，與轉盤保持同一水平高度。）

製作小貼士！

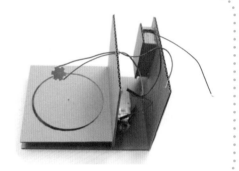

（1）連接正負極導線時，要包上電線膠紙，避免出現漏電情況。

（2）微波爐內部旋轉工作台的面板與轉盤要保持同一水平高度。

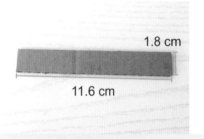 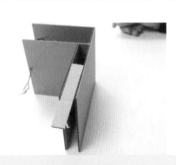 

1.8 cm

11.6 cm

26 取出準備好的長11.6 cm、寬1.8 cm的紙皮，用強力膠水將紙皮黏在微波爐內部旋轉工作台的矩形面板和底板之間。

   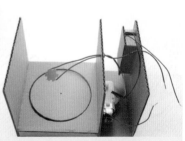

12 cm

13 cm

27 取出準備好的長13 cm、寬12 cm的紙皮，黏在擠膠後的微波爐底板的左側，作為微波爐外箱的左側擋板。

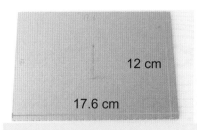

28 取出準備好的長17.6 cm、寬12 cm的紙皮，黏在擠膠後的微波爐底板的背面，作為微波爐外箱的背面擋板。

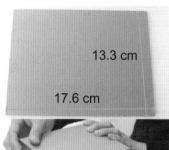

29 取出準備好的長17.6 cm、寬13.3 cm的紙皮，黏在擠膠後的微波爐外箱的頂部，作為微波爐外箱的頂部擋板。

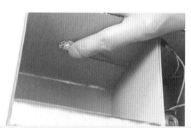

30 用熱熔膠槍在頂部面板內部的中間位置擠膠，黏上LED燈。

溫故而知新！

（1）黏貼微波爐的左、中、右3塊外框面板時，是直接黏在背面及底面的紙皮上。

（2）黏貼小零件可直接用強力膠水，黏貼較大的零部件則需要用熱熔膠，可根據實際情況選擇合適的膠水。

製作控制面板與時間調控器

（1）微波爐的控制面板
準備 1 塊長 12.2 cm、寬 5.2 cm 的紙皮。

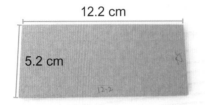

（2）微波爐的時間調控器
準備 4 塊 r =1.5 cm 的圓形紙皮，準備 1 截帶尖頭的竹籤。

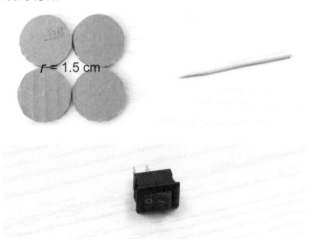

（3）微波爐的啟動開關
準備 1 個尺寸為 1.5 cm×1 cm 的船形開關。

START 開始！

31 取出長12.2 cm、寬5.2 cm的紙皮，用記號筆在紙皮上畫出微波爐控制面板上的時間指向標記，製作一個微波爐控制面板部件。

32 取出4塊半徑為1.5 cm的圓形紙皮，利用細錐和熱熔膠槍，依次把其中3塊圓形紙皮黏成一個圓輪。

33 取出細錐，將準備好的1截竹籤插入圓輪的圓心，然後用強力膠水固定。用如意剪剪掉圓輪後面多餘的竹籤，做成一個微波爐的時間調控器部件。

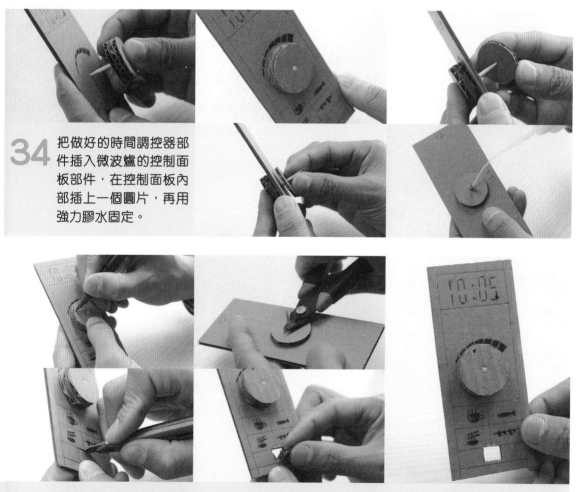

34 把做好的時間調控器部件插入微波爐的控制面板部件，在控制面板內部插上一個圓片，再用強力膠水固定。

35 用記號筆在時間調控器部件上畫一個時間指向標記，接着用如意剪減去多餘的竹籤，最後用剞刀在控制面板下方裁切一個孔洞（孔洞大小以能卡進船形開關為準）。

36 把電動機、LED燈和電源等零件的正極線從面板內側的孔洞穿出,再將其中兩條負極線纏繞在一起。

37 取出尺寸為1.5 cm×1 cm的船形開關,把電動機和LED燈上的負極線分別穿進船形開關的兩側,擰緊後纏繞上電線膠紙。

38 用熱熔膠槍在微波爐外箱面板的邊緣擠膠,黏上製作好的控制面板部件,再把船形開關裝進面板下方的孔洞。

溫故而知新！

連接導線要分清正負極，防止線路連接混亂而無法正常通電。

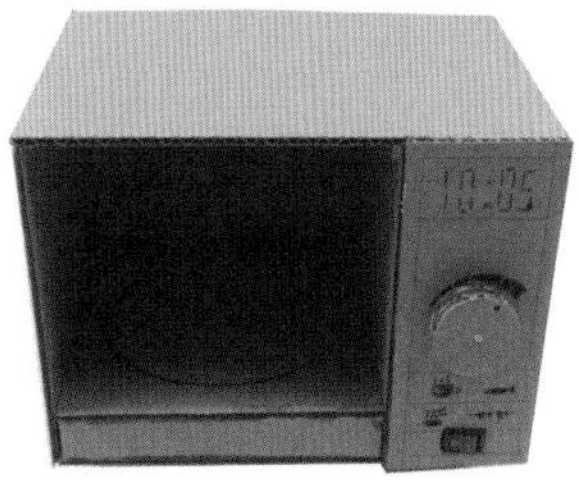

製作爐門

準備

微波爐的爐門
準備 1 塊長 13 cm、寬 12.3 cm 的紙皮，紙皮上的細節設置如圖所示。準備一圈雙面膠紙，1 塊長 11.5 cm、寬 10.5 cm 的透明 PVC 膠片。

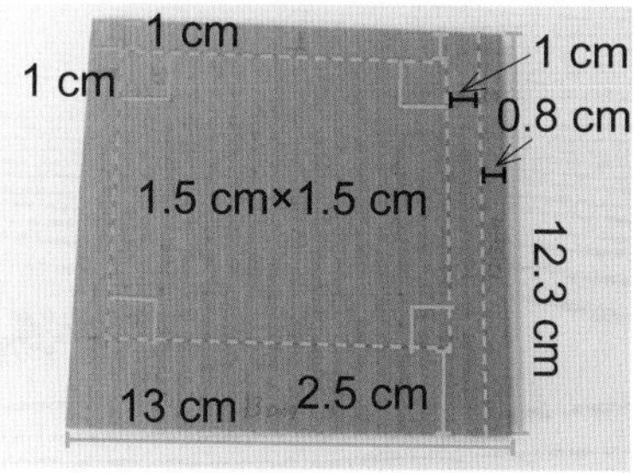

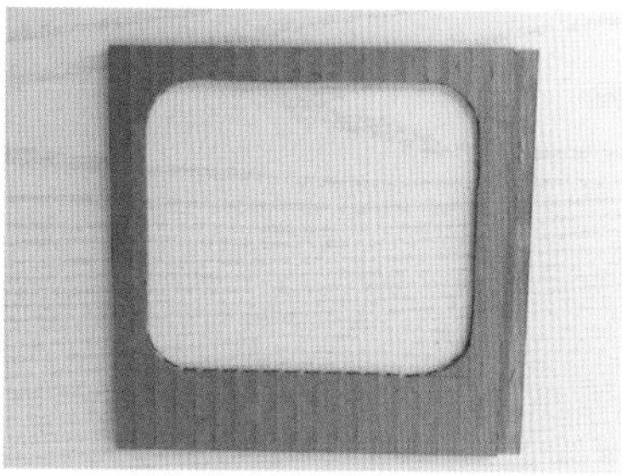

START 開始！

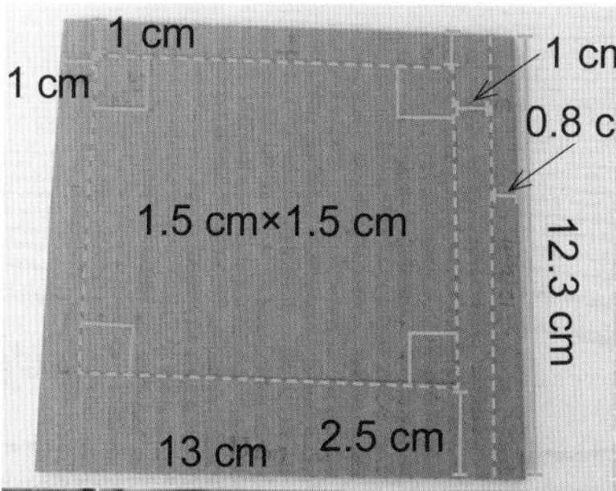

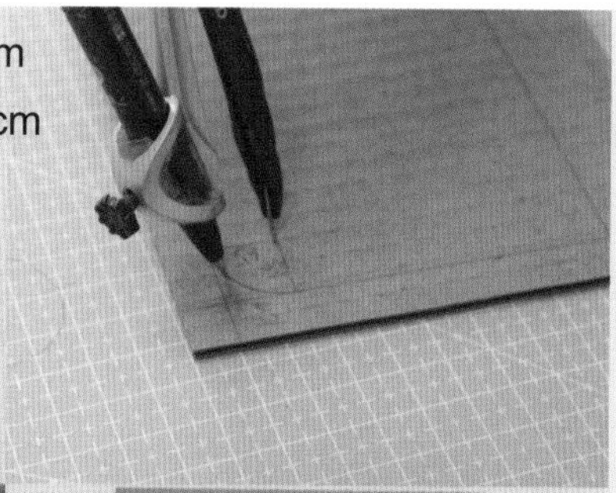

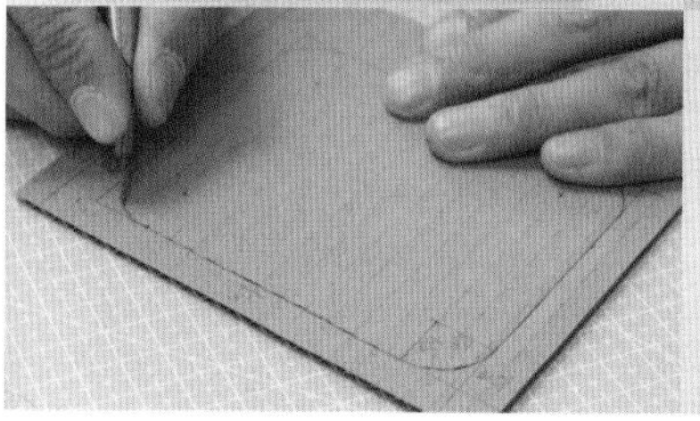

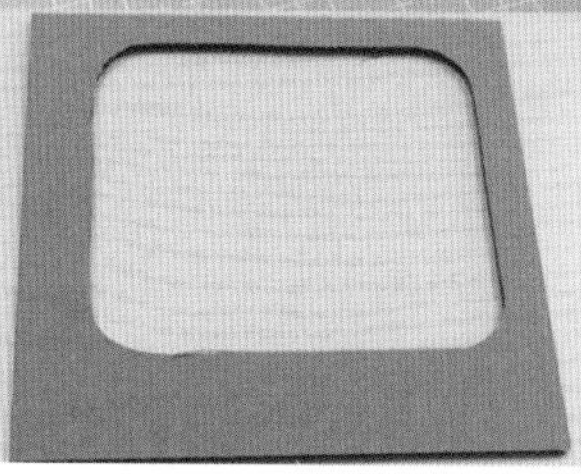

39 取出長13 cm、寬12.3 cm的紙皮，在紙皮上用鉛芯筆按圖示標記畫上輔助線；接着將紙皮放在切割板上，用圓規在紙皮的四個角上畫圓角；最後用㓟刀裁切出紙皮中間部分。

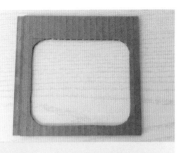

40 在紙皮左側距邊緣0.8 cm處用剞刀裁切，不要切透；撕去一層紙皮，做成微波爐爐門的外框。

41 取出準備好的PVC膠片（PVC膠片尺寸比微波爐爐門的可視窗口尺寸稍大），將其黏在揭去雙面膠紙膠皮後的微波爐爐門面板的內側。

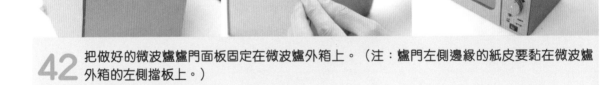

42 把做好的微波爐爐門面板固定在微波爐外箱上。（注：爐門左側邊緣的紙皮要黏在微波爐外箱的左側擋板上。）

溫故而知新！

（1）把軸承固定在指定面板上時，一定要用強力膠水黏牢，防止微波爐外箱在封箱後因軸承脫落而出現問題。同時，注意不要把膠水滴在軸承裏，以免軸承無法轉動。

（2）理清連接在不同裝置上的導線，保證微波爐的動力裝置能正常工作。

（3）所有細節製作，都可用鉛芯筆在面板上畫出詳細標記後再開始裁切。

4.4 洗衣機的旋轉舞步

哇！洗衣機
轉起來啦！！！

打開洗衣機門

2 塞入要洗的衣物……

3

打開電源

關門！

轉起來，轉起來……

5 轉轉轉……

6 洗完了，記得關閉電源……

電源

洗衣機原理解釋

　　洗衣機是利用電能進行設計的。將洗衣機的洗衣筒固定在電動機裝置上,通過電池給電動機裝置提供的電能動力來帶動洗衣機的洗衣筒不斷轉動。

 ▶  ▶

紙皮部件構造圖

※ 各零部件的圖示比例不等於平面圖的實際比例。

※ 此處的零部件平面圖為紙皮的平面圖,其他材料請看後面每部分的「準備」板塊。

機門及機箱正面

◆洗衣機機箱正面面板:

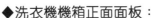
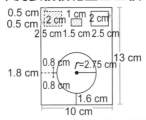

0.5 cm 2 cm 1 cm 2 cm
0.5 cm
2.5 cm 1.5 cm 2.5 cm
13 cm
0.8 cm r=2.75 cm
1.8 cm
0.8 cm
1.6 cm
10 cm

滾筒動力裝置及機箱背面

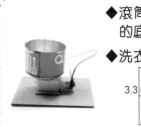

◆滾筒動力裝置的底部墊板:
4 cm
4 cm

◆洗衣機機箱背面面板:

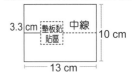

3.3 cm 墊板黏貼區 中線 10 cm
13 cm

電池盒

◆電池盒面板:

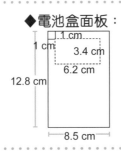

1 cm
1 cm
3.4 cm
6.2 cm
12.8 cm
8.5 cm

◆電池盒的外框及底板:

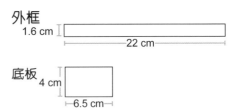

外框
1.6 cm
22 cm

底板
4 cm
6.5 cm

機箱右側、頂部、底部面板與時間顯示器面板

◆洗衣機外箱的右側面板:

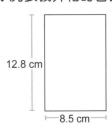

12.8 cm
8.5 cm

◆洗衣機外箱的頂部與底部面板:

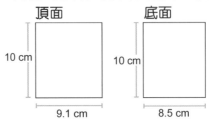

頂面
10 cm
9.1 cm

底面
10 cm
8.5 cm

◆洗衣機的時間顯示器面板:

2.5 cm
3 cm

工具與零件

洗衣機製作所需工具：

① 鉗子　　⑧ 剪刀

② 圓規　　⑨ 小三角尺

③ 鑷子　　⑩ 打火機

④ 剥刀　　⑪ 如意剪

⑤ 鉛芯筆　⑫ 間尺

⑥ 細錐　　⑬ 切割板

⑦ 熱熔膠槍

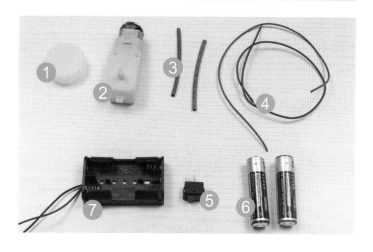

洗衣機動力裝置製作所需零件：

① 瓶蓋

② dc 直流減速電動機（3V 單軸）

③ 熱縮管

④ 正、負極導線

⑤ 1.5 cm×1 cm 船形開關

⑥ AA 電池

⑦ 雙節電池盒

製作

製作機門及機箱正面

準備

(1) 洗衣機機門

準備 1 個鋁罐、1 張透明的 PVC 膠片、1 段長 1 cm 的飲管、1 根長 4 cm 的鐵絲。

(2) 洗衣機機箱正面面板

準備 1 塊長 13 cm、寬 10 cm 的紙皮，按圖示位置標記 3 個矩形框與 1 個圓形的位置。

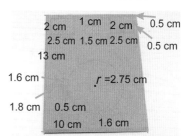

2 cm　1 cm　2 cm　0.5 cm
2.5 cm 1.5 cm 2.5 cm　0.5 cm
13 cm
1.6 cm　　　　　r =2.75 cm
1.8 cm　0.5 cm
10 cm　1.6 cm

START

開始！

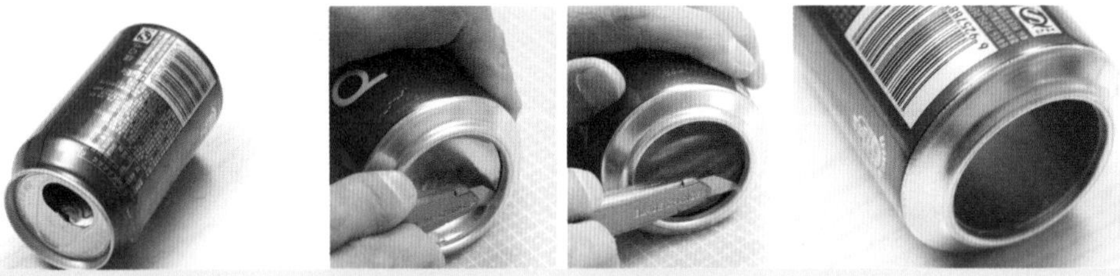

1 取出鋁罐，用𠝹刀小心切掉鋁罐的罐底。

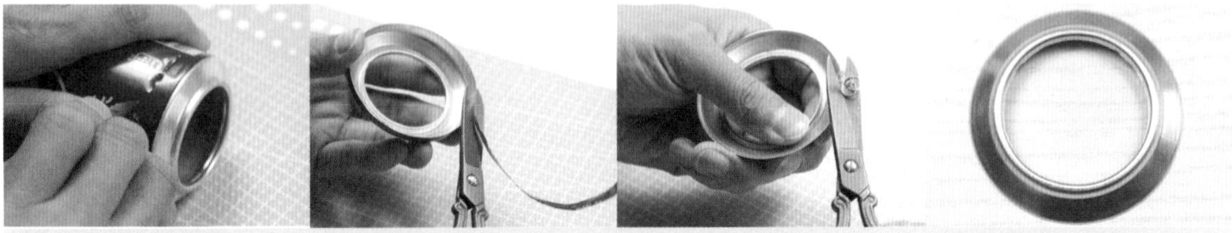

2 用𠝹刀剪下鋁罐罐底上的圓環，再用剪刀修剪邊緣，以防𠝹手。

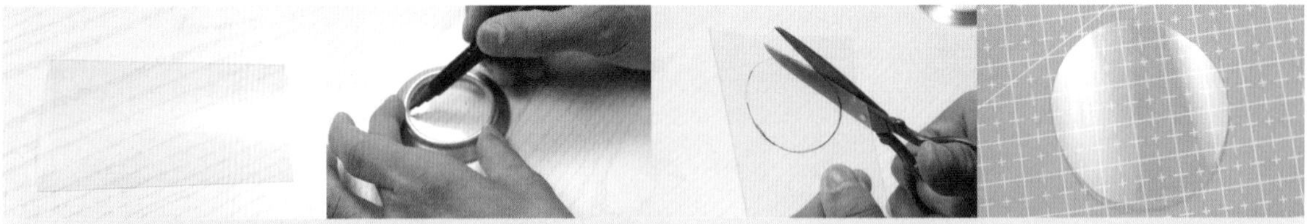

3 取出透明的PVC膠片，比着上一步製作的圓環大小用記號筆劃出相應大小的圓，再用剪刀剪下圓形PVC膠片。

4 把圓形PVC膠片放在鋁罐圓環內側，用熱熔膠槍在圓環內側擠膠，將PVC膠片與圓環固定在一起。

5 用如意剪在圓環邊上剪出兩個U形缺口。

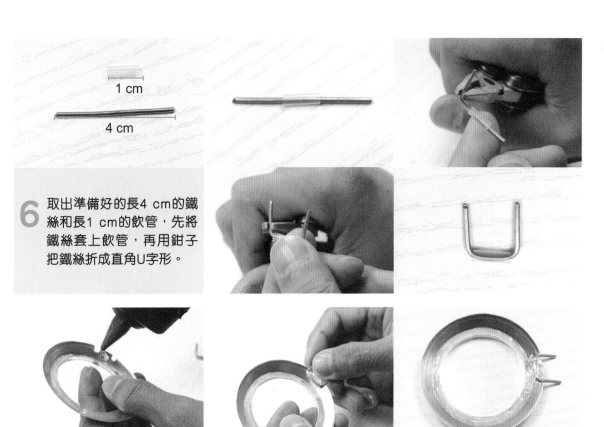

6 取出準備好的長4 cm的鐵絲和長1 cm的飲管,先將鐵絲套上飲管,再用鉗子把鐵絲折成直角U字形。

7 把做好的鐵絲部件用熱熔槍擠膠黏到鋁罐圓環的U形缺口上,做成洗衣機機門。(注:熱熔膠只需黏到飲管上,以保證鐵絲能順暢活動,撥動鐵絲時能讓鐵絲進到圓環缺口處即可。)

製作小貼士!

(1) 洗衣機機門的邊緣經剪刀修剪後會有鋸齒並可能剌傷手指,可用剌刀輕輕地將洗衣機機門的邊緣刮得平滑一些。

(2) 洗衣機機門與機身連接所用鐵絲較粗,因而在用如意剪修剪洗衣機機門的連接缺口時,要剪成U形,以便洗衣機機門在開合時能左右活動。

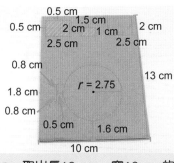

8 取出長13 cm、寬10 cm的紙皮,按圖示標注用鉛芯筆畫出輔助線,用剌刀裁切出兩個矩形與1個圓形。

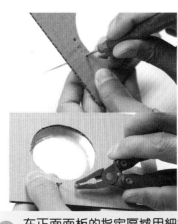
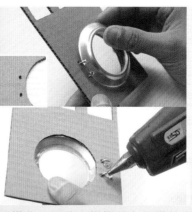

9 在正面面板的指定區域用細錐鑽孔，把洗衣機機門上的鐵絲穿進正面面板的孔內，然後再用鉗子把鐵絲折彎，用熱熔膠槍擠膠固定。

製作滾筒動力裝置及機箱背面

準備

（1）洗衣機滾筒動力裝置
準備 1 個鋁罐和製作洗衣機的相關零件。圖 2 中的圖示編號 1-7 分別為：瓶蓋、dc 直流減速電動機（3v 單軸）、熱縮管、導線、AA 電池、船形開關、雙節電池盒。

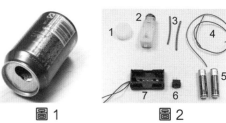
圖 1　　圖 2

（2）洗衣機滾筒動力裝置的底部墊板準備 1 塊邊長為 4 cm 的正方形紙皮。

4 cm

4 cm

（3）洗衣機機箱背面面板
準備 1 塊長 13 cm、寬 10 cm 的紙皮，並在紙皮上按圖所示標注記號。

3.3 cm　中線　10 cm
→ 電動機裝置黏貼區

START
開始！

長度為 5 cm

10 取出鋁罐，切下鋁罐的下半部分，再用剪刀修邊，防止剌傷手。

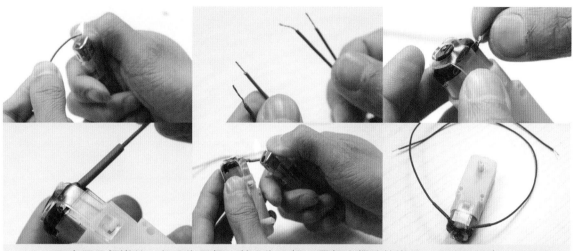

11 取出正負極導線，紅色為正極，藍色為負極，用打火機燒掉導線一端的絕緣皮，再把正、負極導線對準穿過電動機線圈，擰緊，套上熱縮管，最後用打火機加熱熱縮管，封住導線連接口。

12 取出瓶蓋，用熱熔膠槍在瓶蓋中間鑽孔。

13 把電動機軸穿進瓶蓋孔，然後擠膠固定。

14 把瓶蓋垂直對齊黏到鋁罐底部的中間位置。

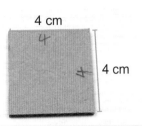

4 cm

4 cm

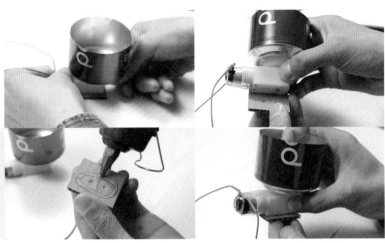

15 在電動機另一面黏上邊長為4 cm的正方形紙皮。

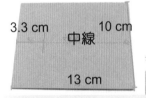

3.3 cm

10 cm

中線

13 cm

把膠擠在紙皮的中線上

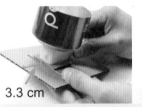

3.3 cm

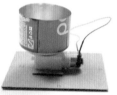

16 取出長13 cm、寬10 cm的紙皮，把製作好的電動機組件黏在紙皮左側距邊緣3.3 cm的中部。

溫故而知新！

（1）洗衣機滾筒的高度為5 cm，主要是根據電動機的厚度和洗衣機的整體高度來確定的。

（2）將電動機組件黏在紙皮上時，要在距離寬邊 3.3 cm處沿着底板的中線黏貼。

（3）給電動機連接導線時，導線接口處要用熱縮管包裹，進行防護。

製作電池盒

準備

（1）電池盒面板

準備 1 塊長 12.8 cm、寬 8.5 cm 的紙皮，在紙皮任意一側距離邊緣 1 cm 處設置一個長 6.2 cm、寬 3.4 cm 的矩形，作為電池盒的門蓋。

1 cm

1 cm

3.4 cm

6.2 cm

12.8 cm

8.5 cm

（2）電池盒的外框及底板

準備 1 塊長 22 cm、寬 1.6 cm 的紙皮，作為電池盒的外框；再準備 1 塊長 6.5 cm、寬 4 cm 的紙皮，作為電池盒的底板。

1.6 cm

22 cm

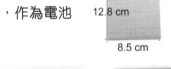

4 cm

6.5 cm

START 開始！

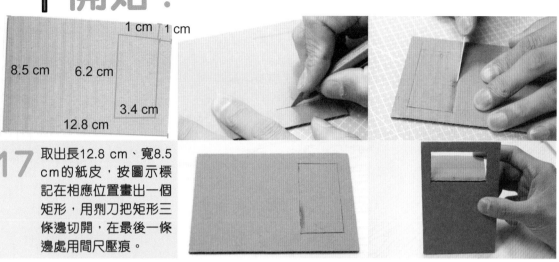

17 取出長12.8 cm、寬8.5 cm的紙皮，按圖示標記在相應位置畫出一個矩形，用剻刀把矩形三條邊切開，在最後一條邊處用間尺壓痕。

18 取出長22 cm、寬1.6 cm的紙皮，將紙皮沿着裁切出的矩形背面進行黏貼，用剪刀在矩形框的右側剪一個缺口放電池盒上的導線。（注：圍成的矩形尺寸可根據電池盒尺寸進行調整。）

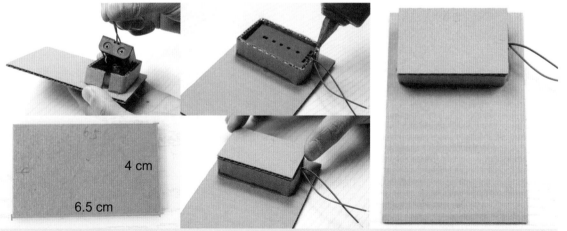

19 取出準備好的雙節電池盒，將電池盒朝下放進矩形框，然後在上面黏上長 6.5 cm、寬 4 cm的紙皮。

溫故而知新！

（1）在紙皮上設置的安放電池盒的矩形，只需裁切其上、左、右三邊，下邊不裁切，以便電池盒門蓋能開合。

（2）製作電池盒外框的紙皮的長、寬等數值，要根據準備的電池盒的尺寸來確定。

（3）黏貼電池盒的外框時要留出電池盒上安放導線的缺口。

洗衣機的整體組裝　　準備

（1）洗衣機外箱的右側面板
準備 1 塊長 12.8cm、寬 8.5 cm 的紙皮。

12.8 cm

8.5 cm

（2）洗衣機外箱的頂部面板準備 1 塊長 10 cm、寬 9.1 cm 的紙皮。

10 cm

9.1 cm

（3）洗衣機外箱的底部面板
準備 1 塊長 10 cm、寬 8.5 cm 的紙皮。

10 cm

8.5 cm

（4）洗衣機的時間顯示器面板及相關零件
準備 1 個尺寸為 1.5 cm×1 cm 的船形開關；準備 1 塊長 3 cm、寬 2.5 cm 的紙皮，作為洗衣機的時間顯示器。

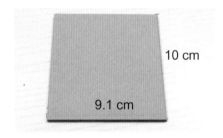

2.5 cm

3 cm

（5）打開電池盒外箱的開門拉條準備長 2.5 cm、寬 1 cm 的紙皮作為打開電池盒外箱的開門拉條，可以用廢料來製作。

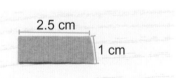

2.5 cm

1 cm

20 把電源和電動機的負極導線一起套上熱縮管，用打火機加熱熱縮管，封住導線連接口。

21 用熱熔膠槍在電池盒面板的一側擠膠，將其黏在電動機裝置面板的左側；在電動機裝置面板的右側黏上長12.8 cm、寬8.5 cm的紙皮。

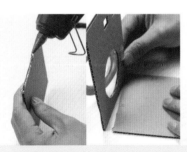

22 取出長10 cm、寬8.5 cm的紙皮，將其擠膠後垂直黏在洗衣機機箱正面面板上。

23 將前面製作好的電動機裝置部件與洗衣機正面面板對齊黏貼在一起，做成洗衣機的主體部件。

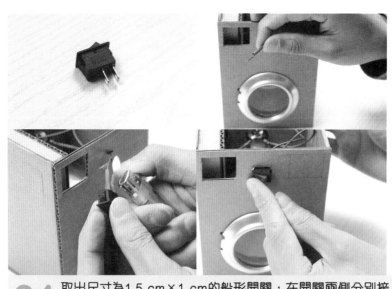
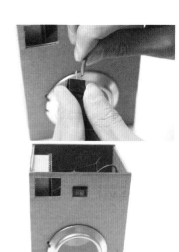

24 取出尺寸為1.5 cm×1 cm的船形開關，在開關兩側分別接上套有熱縮管的電動機和電源的正極導線，用打火機加熱熱縮管進行固定，把開關卡進洗衣機正面面板上方的孔內。

2.5 cm

3 cm

25 取出長3 cm、寬2.5 cm的紙皮，用記號筆在紙皮上製作一個時間裝飾板，用強力膠水將其黏到洗衣機機箱正面面板的內側。

26 用記號筆在洗衣機正面面板上畫上裝飾。

10 cm

9.1 cm

27 取出長10 cm、寬9.1 cm的紙皮，將其黏在洗衣機主體部件的頂部，作為洗衣機的頂蓋。

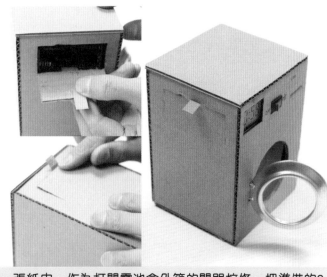

28 在洗衣機左側電池盒蓋板上黏上一張紙皮,作為打開電池盒外箱的開門拉條,把準備的2枚AA電池放進電池盒,關上。至此,洗衣機的製作就完成了。

溫故而知新!

(1) 製作洗衣機機門時,機門零件上的缺口要剪成U形,連接機門與機門面板的鐵絲要折成U形,讓鐵絲和缺口能都完美結合。

(2) 把鐵絲零件固定在機門部件上時,只需把膠擠在鐵絲表面的飲管上,以保證鐵絲能順暢地左右活動,撥動鐵絲能讓鐵絲進入圓環缺口。

(3) 組裝洗衣機內部零件時要一一對應黏到相應的面板上,黏貼前應多試幾次以免黏錯。

腦洞大開 用紙箱做機關玩具

主編
創趣閣

責任編輯
李穎宜

美術設計
李嘉怡

排版
萬里設計製作部

出版者
萬里機構出版有限公司
香港北角英皇道499號北角工業大廈20樓
電話：2564 7511　傳真：2565 5539
電郵：info@wanlibk.com
網址：http://www.wanlibk.com
　　　http://www.facebook.com/wanlibk

發行者
香港聯合書刊物流有限公司
香港新界大埔汀麗路 36 號
中華商務印刷大廈 3 字樓
電話：2150 2100　傳真：2407 3062
電郵：info@suplogistics.com.hk

承印者
中華商務彩色印刷有限公司
香港新界大埔汀麗路 36 號

出版日期
二零二零年四月第一次印刷